重塑饮食习惯
加速新陈代谢
改善身体机能

轻断食

减食生活全图典

QING·DUAN·SHI
张明云——主编

民主与建设出版社
·北京·

图书在版编目（CIP）数据

轻断食：减食生活全图典 / 张明云主编 .-- 北京：民主与建设出版社，2024.6
ISBN 978-7-5139-4630-8

Ⅰ . ①轻… Ⅱ . ①张… Ⅲ . ①减肥 – 食谱 Ⅳ . ① TS972.161

中国国家版本馆 CIP 数据核字（2024）第 108990 号

轻断食：减食生活全图典
QINGDUANSHI JIANSHI SHENGHUO QUANTUDIAN

主　　编　张明云
责任编辑　刘树民
封面设计　天之赋设计工作室
出版发行　民主与建设出版社有限责任公司
电　　话　（010）59417749　59419778
社　　址　北京市海淀区西三环中路 10 号望海楼 E 座 7 层
邮　　编　100142
印　　刷　三河市天润建兴印务有限公司
版　　次　2024 年 6 月第 1 版
印　　次　2024 年 6 月第 1 次印刷
开　　本　710 毫米 ×1000 毫米　1/16
印　　张　10
字　　数　115 千字
书　　号　ISBN 978-7-5139-4630-8
定　　价　52.00 元

注：如有印、装质量问题，请与出版社联系。

Contents
目录

Part 01

让轻断食成为一种生活方式

轻断食的理念 / 002
学会如何确定分量及估算热量 / 004
断食日每天摄取热量 500~600 千卡 / 005
断食日的主要食物图表 / 006
断食日计划范例 / 008
测一测，你是否适合轻断食 / 009
自测三个指标，检验轻断食效果 / 010

Part 02

轻断食食谱：女士篇

轻断食的烹饪小技巧 / 014
女士轻断食必需营养素 TOP10 / 016
第一周 第 1 天轻断食 / 020
紫米绿豆粥 / 021
三丝银耳 / 022
虾仁菠菜沙拉 / 022

第一周　第 2 天轻断食　/ 023

绿豆浆　/ 024

粉丝拌菠菜　/ 025

肉末鸡蛋羹　/ 025

第二周　第 1 天轻断食　/ 026

牛油果菠菜沙拉　/ 027

双色花菜　/ 028

黄瓜雪梨汁　/ 028

第二周　第 2 天轻断食　/ 029

白菜金针菇沙拉　/ 030

醋拌莴笋萝卜丝　/ 031

酿黄瓜　/ 031

第三周　第 1 天轻断食　/ 032

奶油蘑菇汤　/ 033

醋拌芹菜　/ 034

紫菜蛋卷　/ 034

第三周　第 2 天轻断食　/ 035

水果燕麦片　/ 036

芝麻洋葱拌菠菜　/ 037

白萝卜豆浆　/ 037

第四周　第 1 天轻断食　/ 038

罗勒酱猪肉　/ 039

山药芹菜沙拉　/ 040

圣女果杧果汁　/ 040

第四周　第 2 天轻断食　/ 041

砂姜彩椒炒鸡胸肉　/ 042

炝拌包菜　/ 043
红豆马蹄汤　/ 043
第五周　第 1 天轻断食　/ 044
炸奶条　/ 045
田园沙拉　/ 046
黄豆香菜汤　/ 046
第五周　第 2 天轻断食　/ 047
番茄菠菜　/ 048
玉米笋豌豆沙拉　/ 049
白灼鲜虾　/ 049
第六周　第 1 天轻断食　/ 050
鸡胸肉炒四季豆　/ 051
生菜面包沙拉　/ 052
三文鱼配小扁豆　/ 052
第六周　第 2 天轻断食　/ 053
芥末三文鱼　/ 054
番茄滑蛋　/ 055
芹菜苹果汁　/ 055
第七周　第 1 天轻断食　/ 056
山药炒肚片　/ 057
椒丝炒苋菜　/ 058
白菜冬瓜汤　/ 058
第七周　第 2 天轻断食　/ 059
黄瓜彩椒炒鸭肉　/ 060
蒜蓉芥蓝片　/ 061
莲子银耳汤　/ 061

第八周　第 1 天轻断食　/ 062
黄色思慕雪　/ 063
蜜蒸白萝卜　/ 064
鸡胸肉西芹沙拉　/ 064
第八周　第 2 天轻断食　/ 065
百合炒虾仁　/ 066
金枪鱼豆角沙拉　/ 067
上汤芦笋　/ 067
第九周　第 1 天轻断食　/ 068
草莓芝麻菜核桃沙拉　/ 069
清甜三丁　/ 070
清蒸银鳕鱼　/ 070
第九周　第 2 天轻断食　/ 071
芝麻菜圣女果奶酪沙拉　/ 072
香菇扒生菜　/ 073
番茄鸡肉丁　/ 073
第十周　第 1 天轻断食　/ 074
杏仁牛奶　/ 075
白灼生菜　/ 076
肉末炖豆腐　/ 076
第十周　第 2 天轻断食　077
清蒸莲藕饼　/ 078
春色满园　/ 079
蔬菜沙拉　/ 080

Part 03

轻断食食谱：男士篇

男士轻断食七大原则　/ 082

男士轻断食必需营养素 TOP10　/ 084

第一周　第 1 天轻断食　/ 088

火龙果牛奶　/ 089

百合南瓜羹　/ 090

姜蓉粉丝蒸元贝　/ 090

第一周　第 2 天轻断食　/ 091

红豆紫米粥　/ 092

上汤蘑菇　/ 093

西兰花炒牛肉　/ 093

第二周　第 1 天轻断食　/ 094

胡萝卜苹果汁　/ 095

豆腐炖蛋羹　/ 096

莲子紫薯粥　/ 096

第二周　第 2 天轻断食　/ 097

清炒绿豆芽　/ 098

香煎鳕鱼　/ 099

素炒冬瓜　/ 099

第三周　第 1 天轻断食　/ 100

原味包菜沙拉　/ 101

蔬菜三文鱼粥 / 102
土豆泥沙拉 / 102
第三周 第 2 天轻断食 / 103
枸杞炖蛋 / 104
番茄酱沙丁鱼 / 105
清炒豆苗 / 105
第四周 第 1 天轻断食 / 106
红豆黑米粥 / 107
包菜紫甘蓝沙拉 / 108
葡萄干豆浆 / 108
第四周 第 2 天轻断食 / 109
虾仁炖蛋 / 110
明虾炖豆腐 / 111
椰奶蒸鸡蛋 / 111
第五周 第 1 天轻断食 / 112
丝瓜炒蛋 / 113
蒜蓉荷兰豆 / 114
红薯山药小米粥 / 114
第五周 第 2 天轻断食 / 115
莲子百合山药粥 / 116
芹菜梨汁 / 117
白灼芦笋 / 117
第六周 第 1 天轻断食 / 118
猕猴桃菠萝苹果汁 / 119
紫甘蓝生菜沙拉 / 120

烤三文鱼 / 120

第六周　第 2 天轻断食　/ 121

杧果汁 / 122

豆腐鲫鱼汤 / 123

时蔬鸡蛋饼 / 123

第七周　第 1 天轻断食　/ 124

黄瓜梨猕猴桃汁 / 125

烤鳕鱼 / 126

火龙果酸奶 / 126

第七周　第 2 天轻断食　/ 127

杧果酸奶 / 128

芝士四季豆 / 129

圆生菜鸡蛋沙拉 / 129

第八周　第 1 天轻断食　/ 130

彩椒鸡蛋燕麦粥 / 131

南瓜烩蔬菜 / 132

金枪鱼圣女果沙拉 / 133

第八周　第 2 天轻断食　/ 134

土豆丝蒜苗沙拉 / 135

薄荷柠檬红茶 / 136

鲜虾莲藕沙拉 / 136

第九周　第 1 天轻断食　/ 137

娃娃菜炒口蘑 / 138

山药莲子猪骨汤 / 139

西芹蜂蜜汁 / 139

第九周　第 2 天轻断食　/ 140

水果汤　/ 141

蔬菜鸡肉汤　/ 142

菠菜炒香菇　/ 142

第十周　第 1 天轻断食　/ 143

鲜姜菠萝苹果汁　/ 144

香菇炒韭菜　/ 145

黑橄榄鱼柳　/ 145

第十周　第 2 天轻断食　/ 146

蒜蓉芥菜　/ 147

玉米胡萝卜排骨汤　/ 148

香蕉燕麦粥　/ 149

part 01

让轻断食成为一种生活方式

轻断食是近年来比较流行的饮食减肥方法，
它与我们常说的节食减肥是不同的，
它的特点是每周 5 天保持正常饮食，
剩下 2 天稍加控制饮食。
因为其比较符合自然饮食状态，
而且没有太多的限制，
所以受到很多人的追捧。
要想让轻断食减肥法发挥更大的作用，
就一定要科学、安全，
让营养专家来为大家进行指导吧。

轻断食的理念

在美容、瘦身、保健日益风靡的今天，轻断食逐渐出现在人们的视野之中。对于很多人而言，可能对轻断食还不是很了解，认为它仅仅是一种普通单纯的减肥方式，与节食、运动减肥并没有差异。其实，轻断食不仅能让你瘦身，还能够带给你更多意想不到的效果。

轻断食的实际意义

轻断食的内涵是间隔性地断绝正常饮食，以低能量、高营养的食物代替正常的三餐，从而开启身体中一直处于休眠状态的自我修复功能，用来实现减轻体重、排除毒素、增强体质等效果。通俗来说，轻断食就是让你断绝对食物过多的贪欲，更好地重塑身体。

轻断食不仅可以改变你的饮食习惯、帮助你瘦身，还能够增强你的自信心，养成更加健康的生活方式。

轻断食的作用

· 瘦身排毒

轻断食后，体内多余的脂肪就会转化为热量，随着身体运动而消耗掉。而蓄积在体内的有毒物质会被肾脏转化，随着大小便和皮肤排泄出去，实现排毒与瘦身。

· 远离生活常见病

很多人因身体肥胖而导致一些生活常见病，如高血压、高血脂、糖尿病。通过轻断食减掉多余的脂肪，可缓解这些疾病症状。

· 提高免疫力

在经过阻断、排毒、重建的过程后，身体的免疫力会得到全面提升。

· 获得愉悦感和自信心

研究表明，轻断食能让身体内脏获得充分休息，输给大脑的营养更优质。轻断食一段时间后，你能抵抗住美食的诱惑，自我控制能力增强，会更有自信地工作和生活。

· 健康常伴

经常暴饮暴食，一是会加重肠胃负担，容易导致消化不良、血糖含量增高，使身体不适；二是吃得过饱使血液重新分布，导致大脑处于相对缺氧状态，表现为大脑反应迟钝、疲劳、昏昏欲睡的状态。

通过轻断食来限制饮食量，让内脏减轻工作量，就可以保证大脑的用氧和血液循环，预防脑动脉硬化和大脑衰老。

学会如何确定分量及估算热量

在轻断食时，大家要对食物的热量、重量和体积有个大致的估算，有利于日常饮食对热量摄取的把控。

1 盒 | 250 毫升
低脂牛奶 | 107 千卡

1 块 | 36 克
白面包 | 84 千卡

1 碗 | 100 克
白米饭 | 143 千卡

1 个 | 50 克
水煮蛋 | 70 千卡

1 个 | 50 克
煎鸡蛋 | 100 千卡

1 杯 | 250 毫升
鲜橙汁 | 112 千卡

1 个 | 250 克
苹果 | 130 千卡

1 碗 | 250 毫升
肉汤 | 75 千卡

1 碗 | 250 毫升
菜汤 | 32 千卡

1 块白煮 | 100 克
鸡胸肉 | 133 千卡

1 个 | 120 克
土豆 | 93 千卡

6 根 | 100 克
菜心 | 25 千卡

断食日
每天摄取热量 500~600 千卡

一个成年人，每日摄入 1200 千卡以上热量才能维持体能。从营养学角度讲，热量的摄入大于消耗就会引起脂肪的堆积，导致人体发胖；反过来说，热量的摄入小于消耗，就能促进脂肪的代谢，有助于减肥。

人体能够长期耐受的最低热量是每日 800 千卡，但轻断食只需连续的两天营养饮食。所以，男性断食者只需保证在断食日摄取的热量不超过 600 千卡，女性不超过 500 千卡即可，这样既符合低热量饮食方式，又能保证身体最低的热量需求。建议将这些热量分配成早餐和晚餐，以下面的餐单为例：

早餐

1 半碗低热量的主食类（糙米、燕麦、意大利面等，约 140 千卡）。

2 豆鱼肉蛋类 1 份（鸡蛋 1 个、无糖豆浆 450 毫升、火腿 1 片，约 70 千卡）。

3 蔬菜多吃（不用食用油烹调）。

晚餐

1 豆鱼肉蛋类 2~3 份（手掌大小的鱼片或肉片，女性手掌大小约 140 千卡，男性手掌大小约 210 千卡）。

2 低升糖指数水果 1 份（苹果 1 个、番石榴去籽切片 1 小碗、香蕉半根，约 60 千卡）。

3 坚果 1 小把（腰果、杏仁、桃仁、榛果等，约 90 千卡）。

4 蔬菜多吃（不用食用油烹调）。

断食日
的主要食物图表

在断食日，断食者的目标是摄取可满足需求的食物，但是一定不要超过男性 600 千卡、女性 500 千卡的上限。最符合这项原则的食物，是蛋白质含量高但升糖指数（GI）低的食物。高蛋白食物可增长饱腹的时间，低升糖指数的食物则不会导致血糖激增。

可供选择的食物

1 水产类

金枪鱼、鲑鱼、白水鱼、武昌鱼、鲫鱼、带鱼、黄鱼、青鱼、虾等。

2 禽蛋类

鸡肉（去皮）、鸭肉（去皮）、鸽肉，鸡蛋、鸭蛋等。

3 豆腐及豆制品

豆腐、豆干、豆浆、豆腐皮、腐竹、素火腿等。

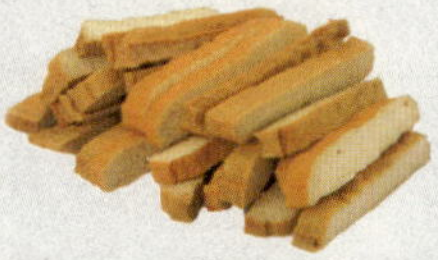

4 低脂乳制品

低脂纯牛奶、酸奶等。

【升糖指数（GI）低的食物】

食物	GI 值	食物	GI 值
黄豆	18	四季豆	30
绿豆	27.2	燕麦	50
白萝卜	26	糙米	56
扁豆	28	牛奶	27.6

即便这样，断食日不建议全面拒绝碳水化合物，也不建议大量摄入高蛋白质的食物，例如各种肉类、鱼等。这里特别推荐的食物是蛋类，鸡蛋含有的饱和脂肪低，且一个鸡蛋的热量只有 70 千卡。值得一提的是，坚果的热量虽然高，但 GI 值一般很低，同时很有饱腹感，也可作为断食日的首选食材之一。

断食日计划范例

【 男性一日轻断食计划 】

早餐	半杯脱脂原味酸奶（62 千卡） 1 小根香蕉，切片（80 千卡） 5 颗草莓（20 千卡） 1/3 杯蓝莓（25 千卡） 6 颗切碎的杏仁（92 千卡）	279 千卡
晚餐	虾仁西洋菜牛油果沙拉（295 千卡）： 1.1 杯半剁碎的西洋菜（6 千卡）、142 克剥壳的熟虾（139 千卡）、半个切丁的牛油果（137 千卡）、3 大匙剁细的红洋葱（11 千卡）、1 大匙酸豆（2 千卡），倒入沙拉碗中 2. 淋上少许白酒、醋（25 千卡），搅拌均匀	320 千卡
一日合计	**599 千卡**	

【 女性一日轻断食计划 】

早餐	燕麦粥：水煮燕麦碎粒 40 克（160 千卡） 新鲜草莓：约半杯（30 千卡）	190 千卡
晚餐	炒鸡柳（281 千卡）： 1. 将 140 克鸡胸肉切成鸡柳（168 千卡） 2. 锅中注入 1 小匙橄榄油（27 千卡），加入 1 小匙姜末（2 千卡）、1 大匙香菜末（3 千卡）、1 瓣压碎蒜头（3 千卡）、2 小匙酱油（3 千卡）、半个柠檬挤汁（1 千卡），将鸡柳炒至略微酥黄。 3. 加入半杯荷兰豆(12 千卡)、1 杯半的卷心菜丝(26 千卡）、2 根去皮切成细条的胡萝卜（36 千卡），再炒 5~10 分钟到鸡柳全熟 4. 最后加入 1 个蜜橘（25 千卡）	306 千卡
一日合计	**496 千卡**	

测一测，你是否适合轻断食

编号	问题内容	是（1分）	否（0分）
1	经常赶时间，吃饭没有充分咀嚼食物。		
2	现在的体重，超出标准体重的 10%。		
3	经常吃减肥药，但是越减越胖。		
4	经常不吃早餐，午餐也是简单应付一下。		
5	长期一味地节食，体重却依然上升。		
6	偏爱油炸、高脂肪、高热量的食物。		
7	吃肉时，喜欢连皮一起吃。		
8	一天中，有两餐是吃快餐。		
9	工作时，长时间坐着不动。		
10	每周运动少于 2 次，运动时间不足 2 小时。		
11	经常以吃大餐作为庆祝特别节日的唯一方式。		
12	因为工作及身材压力而变得不愿意吃食物。		
13	虽然进行运动减肥，却依然吃得很多。		

· 得分说明

0 ~ 6 分：说明你的饮食比较规律，你不需要进行轻断食。

7~10 分：建议你通过轻断食来适当减轻体重。

> 10 分：立即通过轻断食来摆脱肥胖的烦恼。

自测三个指标，检验轻断食效果

在开始轻断食之前，我们要自测一些数据，以便随时关注轻断食的效果。测量时间，最好选择在每日的同一时间。

计算 BMI 指数

BMI 计算公式

BMI= 体重（kg）/身高（m）的平方

一般来说，成人的 BMI 数值在 21 以下，说明体重过轻，可以通过健身进行增肌，并适当增肥；21~23.9 为健康体重，继续保持现在的状态；24~26.9 为偏胖；超过 28 则为肥胖，应该开始轻断食，改变现有的身体状态。

体脂率

想要判断一个人真正的肥胖程度，除了采用 BMI 作为参考指标外，还要检测体脂率，了解自己体内到底有多少脂肪。

大部分医院里配置了人体脂肪检测仪，不但能测出体脂率，还能测出内脏脂肪值和全身脂肪的分布状况。也可通过以下计算公式，来了解自己的体脂率。

体脂率

体脂率 = [1.2×BMI+0.23× 年龄 −5.4−10.8× 性别系数（男性 =1，女性 =0）] ×100%

通常来说，男性的体脂率超过 25%，女性超过 33% 就是“肥胖”。对于经常运动的人，男性最好不要超过 18%，女性不要超过 25%。而没有运动习惯的人，男性最好不要超过 20%，女性不要超过 28%。

若体脂率过高，意味着身体里里外外的油脂过多，这不只是身体外观上的问题，更可能对我们的健康造成不可想象的损害。

测量腰围

BMI 很好用，但不是预测全身健康的最佳参考数值。在一项研究中显示，腰围与身高的比例是预测心脏病风险的重要参考数值。因为脂肪一般堆积在腹部的内脏中，腹部囤脂过多会导致多种疾病的发生。

腰围的测量方法

将带尺经过肚脐上 0.5 ～ 1 厘米处水平绕一周，肥胖者选择腰部最粗处水平绕一周测腰围。

一般来说，男性的腰围要低于 90 厘米，女性要低于 80 厘米，这样的数值才健康。若超过了这个数值，大家一定要引起重视。

part 02

轻断食食谱：女士篇

经过充足的理论知识学习，
我们终于迎来了轻断食的亲身实践。
刚开始，也许你会担心自己无法做到，
有些人也会感到饥饿难耐或者身体不适。
不用担心，大家将饮食量按从多到少，
一点点过渡到每日摄取量不超过 600 千卡，
慢慢地，你会逐渐适应这种饮食方式，
也会越来越轻松、愉快地期待断食日的到来。

轻断食的烹饪小技巧

若你平常的烹调方式以重油、偏咸为主，开始轻断食之后请改变原来这种不健康的烹调方式，多用蒸、煮、炖的方法，尽可能低油、低盐、清淡、低热量，真正达到轻断食的要求。

· 食材先去皮、切好，再计算热量

食材在处理之后，其重量会变轻。因此，需要在处理完之后再称重量，这样才能够准确计算出食材的热量。食材中该去皮的去皮、该去籽的去籽，切成适量大小后再称重并计算热量。

· 轻断食期间，最好食用植物油

轻断食期间，大家不用拒绝所有油脂，因为油脂是烹饪的关键，也是身体所需营养的关键。烹饪时倒入少许植物油，才是正确的做法。植物油是从植物的果实、种子、胚芽中获得，常见的有花生油、菜籽油、芝麻油、橄榄油等，它们的胆固醇含量较低，是轻断食者的首选。

· 适量添加醋、辣椒等调味料

辣椒、醋、香草等带有刺激性的调料几乎没有什么热量，能够为轻断食的食物增添更多美味。但是，不能放太多的盐和酱油。

· 炒菜时，油不可多放

为了防止翻炒食材粘锅而放过多的油，这会导致摄入的脂肪量增多。正确的用油量，能够起到润滑和防粘锅的作用即可。若你掌握不了用量，可以用喷雾瓶装油，喷洒在锅底即可。

· 避免煎、炸、烤、熏等烹饪方式

不同的烹饪方式会给轻断食带来不一样的影响，食材尽可能蒸、煮、炖，杜绝煎、炸、烤、熏。否则，这种烹饪要用到很多油和调料，会产生很多热量，还会产生对人体有害的物质。

· 用不粘锅烹调食物

不粘锅的好处是，用很少的油就能够做出可口的菜肴。若菜肴粘了锅底，只需加入少许清水，不需要再多放油。

· 注意蔬果有不一样的吃法

胡萝卜、菠菜、菌菇、芦笋、包菜、青椒等含有需要烹饪后才能够被吸收的维生素，因此，这类蔬菜最好煮熟之后再吃。生菜这类纤维素含量丰富的蔬菜，洗干净可以生吃，能防止营养素的流失。

女士轻断食
必需营养素 TOP10

女士在安排轻断食的食谱时，可首选低热量、低脂肪的食物，比如肉类以瘦牛肉、鱼肉比较合适。下列介绍适合女士轻断食者食用的十大食材。

1 瘦牛肉

瘦牛肉的蛋白质含量高、脂肪含量低，味道鲜美，受人喜爱。

· 食用功效

瘦牛肉是蛋白质含量最多、脂肪含量最少、血红素铁最丰富的肉类之一，热量在肉类中属于较低的，每百克瘦牛肉含 106 千卡热量，减肥期间可适量食用。

· 小贴士

牛肉的纤维组织比较粗，结缔组织又比较多，应该横切将长纤维切断，不能顺着纤维组织切，否则入味不佳，还嚼不烂。

2 鳕鱼

鳕鱼又叫大头青，含丰富的蛋白质、维生素 A 、维生素 D 、钙、镁、硒，肉味甘美。

· 食用功效

鳕鱼是一种高蛋白、低脂肪的鱼类，每百克鳕鱼中只含有 88 千卡热量，减肥时可适量食用。

· 小贴士

鳕鱼可制成鱼肉罐头、鳕鱼干，鳕鱼子以及肝脏也可食用。

3 黄瓜

黄瓜的含水量为96%~98%，脆嫩清香，味道鲜美，营养丰富。

· 食用功效

黄瓜是热量超低的减肥食品，每百克黄瓜仅含有 15 千卡热量，所含的大量维生素和纤维素能够帮助消除便秘和加快脂肪燃烧。

· 小贴士

黄瓜与辣椒、芹菜搭配食用，维生素 C 容易被破坏。

4 丝瓜

丝瓜的药用价值比较高，所含各类营养成分在瓜类食物中较高。

· 食用功效

丝瓜中水分的含量极高、热量较低，每百克丝瓜中含 20 千卡热量，适合在减肥期间食用。

· 小贴士

丝瓜汁水丰富，适宜现切现做，以避免营养成分随汁水流走。烹制丝瓜时应该注意尽量保持清淡，油要少用，可勾稀芡。

5 番茄

番茄含有丰富的胡萝卜素、维生素 C 以及 B 族维生素，具有减肥瘦身、消除疲劳、增进食欲等食疗作用。

· 食用功效

番茄是既美味又瘦身的减肥食品，每百克番茄含有 19 千卡热量，也是一种能直接生吃的减肥零食。

· 小贴士

番茄中含有胶质和可溶性收敛剂，空腹食用容易阻塞肠胃引起腹痛。

6 空心菜

空心菜为夏秋季节主要绿叶菜之一，其维生素含量高于大白菜，有利于增强体质。

·食用功效

每百克空心菜中含有 20 千卡热量，菜中的大量纤维素可增进肠道蠕动，加速排便，对于防治便秘起到积极的作用。

·小贴士

空心菜遇热易变黄，烹调时需要充分热锅，大火快炒，在叶片变软之前熄火盛出。

7 苹果

苹果味甜，口感爽脆，含丰富的营养成分，容易被人体吸收。

·食用功效

苹果中糖类、水分、纤维、钾含量较高，可以缓解便秘、消除水肿，且每百克苹果中含 52 千卡热量，适合减肥时食用。

·小贴士

苹果尽可能不削皮食用。肾炎和糖尿病患者少吃。

8 木瓜

木瓜香气浓郁，汁水较多，甜美可口，营养丰富。

·食用功效

木瓜热量比较低，每百克木瓜中含 27 千卡热量，还含有一种木瓜酵素，有分解脂肪的效用。

·小贴士

孕妇、过敏体质人士不宜食用木瓜。

9 鸡蛋

鸡蛋蛋白质的氨基酸比例很适合人体生理需要，易被机体吸收，是人们最常食用的食物之一。

· 食用功效

每百克鸡蛋含有 138 千卡热量，是优质蛋白质的来源，能够增加一定的饱腹感。健康成年人减肥时，每日吃 1 个鸡蛋是很不错的选择。

· 小贴士

水煮鸡蛋的时间不要太长，鸡蛋煮久了，易破坏其中的营养成分。

10 豆腐

豆腐通常用黄豆或黑豆来制作。豆腐有增加营养、帮助消化、增进食欲的功效。

· 食用功效

豆腐热量比较低，每百克豆腐中含有 81 千卡热量。豆腐的蛋白质含量较高，可以加快食物消化，推荐在减肥期间作为蛋白质的来源食用。

· 小贴士

豆腐与蜂蜜一起食用，易引起腹泻。

第一周
第1天轻断食

简单又美味的黑米绿豆粥，低卡无油，适合在减脂增肌期食用。

轻断食也要够营养

✓ **紫米**：含有多种营养物质以及铁、锌等矿物质，具有滋阴补肾、补血益气、暖脾胃促消化的作用。

✓ **银耳**：具有补肾、润肠、益胃、补气、和血、强心、补脑、提神、美容之功效，还能提高肝脏解毒能力。

✓ **薏米**：含有蛋白质、氨基酸、维生素、膳食纤维等多种营养成分，有利水消肿、健脾去湿、解毒散结等作用。

紫米绿豆粥

热量：185 千卡

材料

薏米............ 10 克
紫米............ 15 克
红豆............ 20 克
绿豆............ 10 克

做法

1 砂锅中注入适量清水烧热，倒入薏米、紫米、红豆、绿豆，拌匀。

2 加盖，大火煮开后转小火煮 30 分钟至食材熟软。

3 揭盖，搅拌片刻使其入味。

4 关火，将煮好的粥盛入碗中即可。

三丝银耳

材料

绿豆芽 .... 150 克
银耳............. 25 克
青椒............. 50 克
熟火腿 .... 15 克
盐 ....少许

做法

1 绿豆芽洗净；青椒、熟火腿均切丝。

2 绿豆芽和青椒丝放入沸水锅中烫熟，捞出放凉；再将银耳放入沸水锅内烫熟，捞出，用凉水过凉，沥干水分。

3 将银耳、绿豆芽、青椒丝放入盘内，放入盐拌匀，再撒上火腿丝即可。

虾仁菠菜沙拉

材料

菠菜................................150 克
鲜虾仁 ....100 克
洋葱..................................50 克
盐、醋、橄榄油 .... 各适量

做法

1 菠菜去掉根部，洗净沥干；洋葱切条。

2 菠菜、虾仁放入沸水中焯 1 分钟，捞出，沥干水分；将虾仁剖成两半。

3 菠菜、虾仁、洋葱盛入盘中，加入盐、醋，淋上橄榄油，拌匀即可。

第一周
第 2 天轻断食

早餐既能吃得营养丰盛，又想不长肉，来一杯绿豆浆可以满足你的要求。

轻断食也要够营养

绿豆：富含蛋白质、糖类、膳食纤维、钙、铁、维生素 B_1 和维生素 B_2 等，具有清热消暑、利尿消肿、润喉止咳及明目降压之功效。

粉丝：富含多种营养成分，能保护肠胃黏膜、降低小肠对胆固醇的吸收。

鸡蛋：富含 DHA 和卵磷脂、卵黄素，对神经系统和身体发育有利，能健脑益智。

绿豆浆

热量：32 千卡

材料

水发绿豆.... 100 克

做法

1 将已浸泡 3 小时的绿豆倒入大碗中，加水搓洗干净，沥干水分后再倒入豆浆机中。

2 豆浆机中加入清水至水位线，选择“五谷”程序，再选择“开始”键，启动豆浆机。

3 待豆浆机运转约 15 分钟后断电，滤去豆渣。

4 将豆浆倒入碗中即可饮用。

粉丝拌菠菜

材料

菠菜……………………………130 克

粉丝……………………………20 克

胡萝卜丝……………………… 少许

芝麻、生抽、盐、醋、麻油各适量

做法

1 菠菜焯水，捞出过凉水；粉丝煮熟，过凉水。

2 二者装盘，加入少许芝麻、1 大勺生抽、少许盐、半大勺醋、1 大勺麻油，混合拌匀，点缀上胡萝卜丝即可。

肉末鸡蛋羹

材料

肉末……………………………50 克

鸡蛋……………………………2 个

姜末、葱花、盐 …………各少许

做法

1 肉末中放入少许姜末、葱花、盐，拌匀调味。

2 将鸡蛋打散搅匀，倒入适量水至蛋液不黏稠。

3 将肉末倒入蛋液中，上蒸锅蒸 15 分钟左右即可。

第二周
第1天轻断食

一天用餐选用沙拉和蔬果汁的搭配，无油无糖，完全不用担心多余的热量摄入。

轻断食也要够营养

牛油果： 含有的油酸可以降低胆固醇，富含的膳食纤维可以促进消化，含有的蛋白质能滋润皮肤。

花菜： 能很好地补充身体所需的营养成分，从而提高身体的免疫力，具有强身健体的功效。

核桃： 含有不饱和脂肪酸、蛋白质、维生素等营养成分，能抗氧化和清除自由基，具有活血调经、祛瘀生新的作用。

牛油果菠菜沙拉

热量：290 千卡

材料

牛油果 .... 100 克
菠菜叶 .... 80 克
圣女果 .... 40 克
核桃............. 15 克
酸奶............. 10 克

做法

1 将牛油果去皮去核，切成块；洗净的圣女果去蒂，对半切开，备用。

2 菠菜叶焯水，捞出，沥干水分。

3 备好碗，放入牛油果、圣女果、菠菜叶、核桃，倒入酸奶，拌至均匀即可食用。

双色花菜

材料

花菜............ 80 克
西兰花 .... 80 克
盐 .... 少许
素香菇卤汁 .... 少许

做法

1 锅中加水烧开，加盐搅匀成盐水。

2 花菜、西兰花分别洗净，切小朵，放入盐水中汆烫后捞起，放凉备用。

3 砂锅中倒入素香菇卤汁，用大火煮开后倒入双色花菜，转中火焖煮 5 分钟即可。

黄瓜雪梨汁

材料

黄瓜........... 150 克
雪梨........... 100 克
纯净水 .... 适量

做法

1 黄瓜洗净，去皮后切成均匀的小块。

2 将雪梨洗净，保留果皮，去核后切成块状。

3 黄瓜块、雪梨块放入榨汁机，加入纯净水，盖好盖子，启动榨汁机。

4 将榨好的蔬果汁倒入杯中即可饮用。

第二周
第 2 天轻断食

想要吃得营养又不长脂肪，照着下列菜谱做就可以了。简单又美味的佳肴，让我们每一天都充满活力。

轻断食也要够营养

白菜：富含维生素 C、粗纤维及钙、铁、钾等微量元素，具有生津养胃、利尿通便、清热解毒等作用。

莴笋：含有一定量的微量元素锌、铁，很容易被人体吸收，经常食用新鲜莴笋可以预防缺铁性贫血。

猪肉：含有血红素（有机铁）和促进铁吸收的半胱氨酸，能改善缺铁性贫血。

白菜金针菇沙拉

热量：73 千卡

材料

白菜……………200 克
金针菇 ………80 克
水发香菇…… 20 克
彩椒…………… 10 克
盐、醋、橄榄油各适量

做法

1 白菜洗净，撕大片，焯水；香菇洗净，切块，焯水；金针菇去尾，洗净后焯水；彩椒洗净，切丝。

2 将盐、醋、橄榄油混合成调料汁。

3 将白菜、香菇、金针菇与调料汁一起拌匀，装盘，撒上彩椒丝即可。

醋拌莴笋萝卜丝

材料

莴笋……80 克
白萝卜……120 克
蒜末、葱花、盐、食用油各少许

做法

1 洗净去皮的白萝卜和莴笋切片，再切成细丝。
2 锅中注水烧开，放入盐、食用油，倒入白萝卜丝、莴笋丝，焯至食材熟软后捞出，沥干水分。
3 将食材放入盘中，撒上蒜末、葱花即可。

酿黄瓜

材料

肉末……90 克
黄瓜……120 克
盐、生粉、食用油、胡椒粉各少许

做法

1 洗净的黄瓜去皮切段，做成黄瓜盅。
2 肉末加盐、生粉、油、胡椒粉拌匀，腌制。
3 锅中注水烧开，加入食用油、黄瓜盅，煮至断生后捞出。
4 在黄瓜盅内抹上生粉，再放入肉末。
5 将食材放入蒸锅内蒸 5 分钟即可。

第三周
第1天轻断食

轻断食料理已经风行多年，在盛夏的季节里，让我们的身材更完美，体质更健康，一起来轻断食一下吧！

轻断食也要够营养

√ **香菜：**富含维生素、胡萝卜素和矿物质，能健胃消食、发汗透疹、利尿通便，还有降血压的作用。

√ **芹菜：**含铁量较高，能补充妇女经血的损失；经常食用芹菜，还能避免皮肤干燥、面色无华。

√ **紫菜：**富含甘露醇成分和铁元素，利于排尿，还能促进造血干细胞的造血功能；此外，还具有降低血清胆固醇含量的作用。

奶油蘑菇汤

热量：182 千卡

材料

蘑菇..............120 克
香菜.................10 克
淡奶油.............10 克
牛奶.............20 毫升
面粉.................15 克
盐、白胡椒粉、黄油、
橄榄油...........各适量

做法

1 蘑菇洗净，切成片。

2 平底锅烧热，放入黄油、蘑菇片，炒至变软后加入牛奶、水煮开，关火。

3 待蘑菇汤冷却，全部倒入料理机，将食材充分打碎成为汤汁。

4 锅洗净重新烧热，加入黄油熔化后加入面粉，翻炒均匀。

5 锅中倒入汤汁，再加入淡奶油，将汤汁重新煮开，放入盐、白胡椒粉搅匀。

6 将汤汁装碗，淋上橄榄油、点缀上香菜即可。

醋拌芹菜

材料

芹菜………… 150 克

彩椒…………… 10 克

盐、醋………… 少许

做法

1 将彩椒切成丝，芹菜切成段。

2 锅中注水烧开，倒入芹菜段，略煮后放入彩椒丝，煮至食材断生后捞出，沥干水分。

3 将食材倒入碗中，加入盐、醋，拌匀至食材入味即可。

紫菜蛋卷

材料

鸡蛋………………2 个

紫菜…………… 25 克

葱、盐 ………各适量

食用油 ………… 适量

做法

1 紫菜洗净，葱切末。鸡蛋打入碗中，加葱花、盐搅匀。

2 开小火，平底锅中倒入适量油，将蛋液均匀倒入锅中并摊平，形成一个圆形。

3 待鸡蛋煎至两面金黄，盛出放在盘中，铺上一层紫菜。将鸡蛋饼卷起，斜切成小段即可。

第三周
第 2 天轻断食

早餐来一份水果燕麦片，能减轻心血管和肾脏负担，并避免多余水分滞留体内。

轻断食也要够营养

燕麦：富含亚油酸，对脂肪肝、浮肿、便秘等有辅助疗效。长期食用，对老年人增强免疫力也是大有裨益的。

芝麻：富含油脂和纤维素，可缓解便秘；还具有滋肝补肾的作用，可以缓解心悸失眠、神疲乏力的症状。

黄豆：含有的皂苷可以降血脂，含有的膳食纤维可以促进肠道蠕动，含有植物性蛋白质能提高免疫力。

水果燕麦片

热量：220 千卡

材料

熟燕麦片...... 50 克
猕猴桃 .... 10 克
蓝莓............. 15 克
草莓............. 20 克
牛奶..........40 毫升

做法

1 猕猴桃去皮，切成片；洗净的草莓去蒂，切成块；蓝莓洗净，备用。

2 备好杯子，倒入熟燕麦片、牛奶，摆上猕猴桃、草莓、蓝莓即可。

芝麻洋葱拌菠菜

材料

菠菜……………………200 克
洋葱……………………60 克
芝麻、盐、食用油……各少许

做法

1 去皮洗净的洋葱切成丝，择洗干净的菠菜切去根部。锅中注入适量清水，淋入食用油，放入菠菜焯半分钟。

2 倒入洋葱丝，再煮半分钟，捞出食材，沥干水分。

3 将菠菜、洋葱装入碗中，加入盐拌匀，撒上少许芝麻，装盘即可。

白萝卜豆浆

材料

水发黄豆…… 60 克
白萝卜……… 50 克

做法

1 将洗净去皮的白萝卜切条，再切成小块。

2 将已浸泡 8 小时的黄豆倒入碗中，加水搓洗干净，沥干水分。

3 将黄豆、白萝卜块倒入豆浆机中，注适量水，待豆浆机运转约 15 分钟即成豆浆。

4 把豆浆滤渣后倒入杯中即可。

第四周
第1天轻断食

简单、营养、美味，这三个关键词足以让每个轻断食者喜爱晚餐的这款沙拉。每一份食材都透露出新鲜的味道，轻断食便意味着低脂、原味以及对胃无负担，是减肥者的福音。

轻断食也要够营养

✓ **山药**：含有淀粉酶、多酚氧化酶等物质，有利于脾胃的消化、吸收，是平补脾胃的药食两用之佳品。

✓ **圣女果**：含有的有机酸可以帮助肠胃消化脂肪和蛋白质，含有的维生素和钾可以增强肝脏细胞的修复功能，并有效降低血压、血脂。

✓ **橄榄油**：含有不饱和脂肪酸、维生素和胡萝卜素等多种营养成分，有保护皮肤和润肠作用，也可以预防高血压。

罗勒酱猪肉

热量：300 千卡

材料

猪肉........... 150 克	迷迭香 ....5 克	胡椒碎 ....2 克
罗勒酱 .... 10 克	圣女果 .... 10 克	橄榄油 .... 2 毫升

做法

1 洗净的猪肉切成块。

2 锅中注入油烧热，倒入猪肉块，炒至香酥。

3 将炒好的猪肉盛入盘中，淋上罗勒酱，撒上胡椒碎，摆上圣女果，点缀上迷迭香即可。

山药芹菜沙拉

材料

山药..............................50 克
芹菜............................100 克
黑木耳..........................100 克
彩椒..............................20 克
白醋、橄榄油、盐..........各少许

做法

1 山药洗净，削皮，切菱形片，焯水断生。
2 黑木耳洗净，芹菜洗净切段，焯熟备用。
3 彩椒洗净，切成菱形片。
4 将上述食材装盘，倒入橄榄油、白醋和盐，拌匀即可。

圣女果杧果汁

材料

杧果........... 135 克
圣女果 .... 90 克

做法

1 将圣女果洗干净，对半切开。
2 杧果去皮取果肉，切成小块。
3 圣女果和杧果肉倒入榨汁机，注入适量纯净水后，启动榨汁机，搅打成汁。
4 果汁倒入杯中即可饮用。

第四周
第 2 天轻断食

口感清脆的绿色蔬菜，加上蛋白质丰富的鸡胸肉，把它当作早餐或者运动后的加餐都很合适。

轻断食也要够营养

✓ **砂姜：**富含挥发油和芳香酮类等成分，具有消食、止痛、祛湿等作用，可以促进血液循环、疏通经络、改善寒湿。

✓ **包菜：**富含维生素C、叶酸、膳食纤维以及微量元素，可以提高新陈代谢、增强人体免疫力，对肥胖人士及糖尿病患者很有帮助。

✓ **马蹄：**其磷含量是所有茎类蔬菜中最高的，磷元素可促进人体发育；此外，马蹄还有清热泻火的良好功效。

砂姜彩椒炒鸡胸肉

热量：250 千卡

材料

鸡胸肉……120 克
彩椒……70 克
砂姜……90 克
盐……适量
生粉……适量
胡椒粉……适量
葱段……适量
食用油……少许

做法

1 洗净的鸡胸肉切丁，加入胡椒粉、生粉、盐拌匀，腌制 10 分钟。

2 彩椒切片，装入碗中备用；砂姜去皮，切片。

3 锅中注水烧开，放入砂姜、彩椒煮半分钟，捞出。

4 锅中倒适量油烧热，倒入鸡胸肉炒香，放入葱段、砂姜、彩椒炒匀，盛出即可。

炝拌包菜

材料

包菜……200 克

蒜末、枸杞、盐、食用油各适量

做法

1 洗净的包菜切去根部，撕成片，备用。

2 锅中注入适量清水用大火烧开，加少许油，倒入包菜、枸杞，焯片刻捞出，沥干水分。

3 食材倒入大碗中，加入蒜末、适量盐，拌至食材入味，装入盘中即可。

红豆马蹄汤

材料

马蹄……150 克

水发红豆……150 克

姜片、盐……各少许

做法

1 马蹄去皮，洗净后切开。

2 砂锅中注入适量清水，用大火烧开，倒入泡发的红豆。

3 盖上盖，大火煮开后转小火煮 30 分钟。揭盖，放入姜片、马蹄肉，拌匀。再盖上盖，续煮 30 分钟至食材熟透。

4 揭盖，加入盐拌匀，煮好的汤料装入碗中即可。

第五周
第1天轻断食

做沙拉和汤品，省时省力，重要的是，这是一种真正的轻断食食物！

轻断食也要够营养

√**牛奶**：含有的矿物质和微量元素能促进骨骼发育和预防贫血，含有的乳酸菌能够有效促进脂肪代谢以及抑制冠心病的发生。

√**鸡毛菜**：含有维生素、泛酸等营养成分，可以缓解精神紧张的情况；含有多种微量元素，有利于预防心血管疾病。

√**玉米淀粉**：含有维生素E、亚油酸，可以降低人体的胆固醇水平；在减肥期间也可以适量食用玉米淀粉来产生饱腹感，从而吸附身体多余的脂肪。

炸奶条

热量：208 千卡

材料

牛奶........100 毫升	鸡毛菜 ....5 克	橄榄油 ....5 毫升
玉米淀粉...... 25 克	奶酪................7 克	
胡萝卜片........ 少许	桂花蜜 ....4 克	

做法

1 把牛奶、玉米淀粉倒入锅中，小火加热，不停搅拌至黏稠。

2 找一个矩形容器，先在容器内涂一层油后倒入奶糊，待凉后入冰箱冷藏 1 小时凝固成奶糕，切条，待用。

3 锅中倒油烧至六成热后转小火，放入奶糕条炸至金黄。

4 奶糕条装盘，摆上胡萝卜片、奶酪、鸡毛菜，淋上桂花蜜即可。

田园沙拉

材料

黄瓜..............................200 克
番茄..............................100 克
洋葱..............................60 克
盐、橄榄油、白醋..........各少许
黑橄榄..............................少许

做法

1 黄瓜对半切开后再切成片状，番茄切成小块，洋葱切成片，黑橄榄切成圈。
2 将上述食材放入碗中，淋上橄榄油和白醋，加盐拌匀，盛入盘中即可。

黄豆香菜汤

材料

水发黄豆.... 220 克
香菜............ 30 克
盐................少许

做法

1 香菜洗净，切段。
2 砂锅中注水烧热，放入黄豆煮至熟软。撒入香菜，搅散。
3 盖上盖，续煮约 10 分钟至食材熟透。揭盖，加少许盐拌匀，盛出即可。

第五周
第 2 天轻断食

时下，女士们流行吃“轻食”“简餐”，领略“轻断食主义”新概念的演变，不但能享受美味，更能实现瘦身的梦想，拥有健康而曼妙的身体。

轻断食也要够营养

菠菜：富含粗纤维、胡萝卜素、维生素，具有补血、降压、助消化的功效，对高血压、糖尿病、便秘等病症有缓解作用。

玉米笋：含有铁、磷、锌等多种矿物质，能促进身体正常代谢，提高身体机能。

豌豆：含有的膳食纤维能使人产生饱腹感，可以润肠通便，达到减肥瘦身的目的。

番茄菠菜

热量：203 千卡

材料

番茄........... 250 克
菠菜........... 100 克
奶酪............. 40 克
巧克力粉.........3 克

做法

1 洗净的番茄去蒂，切成块。

2 菠菜洗净，去根，焯水后捞出，沥干水分。

3 番茄、菠菜、奶酪放入碗中，拌至均匀，撒上巧克力粉即可。

玉米笋豌豆沙拉

材料

玉米笋……50 克
豌豆……30 克
洋葱……20 克
南瓜……20 克
橄榄油、白醋、盐……各少许

做法

1 玉米笋、豌豆洗净，焯熟；洋葱洗净，切丝；南瓜洗净，切片，焯熟。

2 以上所有食材装入碗中，倒入橄榄油、白醋、盐，拌匀即可。

白灼鲜虾

材料

鲜虾……150 克
生姜……少许
蒜……少许
香醋……少许

做法

1 大蒜切细条，淋入香醋，备用；生姜洗净，切片。

2 锅中注入少量水，加姜片，烧开后放入鲜虾，略翻一下。

3 虾变红色至熟捞起，装盘，食用时蘸上醋汁即可。

第六周
第1天轻断食

每年从5月开始，想要轻心轻体，对于食材的选择应遵循低糖分、低脂肪、低盐分、高纤维的标准。

轻断食也要够营养

✓ **小扁豆：**含有的膳食纤维可以促进肠道蠕动，预防便秘；含有蛋白质、碳水化合物及多种维生素，有健脾化湿、消肿止痛的作用。

✓ **生菜：**含有一种“干扰素诱生剂”，可刺激人体正常细胞产生干扰素，从而产生一种“抗病毒蛋白”，可以抑制病毒产生。

✓ **三文鱼：**有预防贫血、保护心血管等功效，含有大量的不饱和脂肪酸，可以起到降低血压、血脂的作用。

鸡胸肉炒四季豆

热量：216 千卡

材料

四季豆 .... 30 克	鸡胸肉 .... 80 克	橄榄油 .... 3 毫升
口蘑............. 30 克	盐 ....2 克	

做法

1 四季豆洗净，切成段；口蘑洗净，切成片。

2 锅中注入适量清水烧开，放入四季豆、口蘑，焯煮片刻，捞出。

3 另起锅注入油烧热，放入四季豆、口蘑，撒盐，炒至入味，盛出装盘。

4 锅中再次注入油烧热，放入鸡肉煎至金黄，盛入菜盘中，拌匀即可。

生菜面包沙拉

材料

生菜……………………………80 克

胡萝卜…………………………20 克

烤面包………………………… 适量

白醋、橄榄油、盐………各少许

做法

1 生菜洗净，撕成小片；胡萝卜洗净，去皮切片；烤面包切小块。

2 将上述食材放入盘中，加入少许白醋、橄榄油、盐，拌匀即可。

三文鱼配小扁豆

材料

三文鱼……100 克

小扁豆………50 克

香菜碎…………5 克

生菜叶………少许

橄榄油……5 毫升

做法

1 锅中注入适量清水烧开，放入小扁豆煮至熟软，捞出，沥干水分后装碗。

2 另起锅注油烧热，放入三文鱼煎至熟，盛出，放入装有小扁豆的碗中，撒上一层香菜碎，点缀上生菜叶即可。

第六周
第 2 天轻断食

晚餐来一杯芹菜苹果汁，热量大大降低，减脂不减味，喝起来零负担，为我们带来的满足感却一点也不少。

轻断食也要够营养

芝麻菜：可促进细胞活性，有降肺气、利肺水等功能，对久咳有食疗作用。

芥末：能刺激唾液和胃液的分泌，具有开胃消食、增强免疫力、降脂降压等作用。

苹果：含有的果胶能阻止肠道内胆固醇的吸收，含有的膳食纤维可以润肠通便，含有的钾元素能降血压。

芥末三文鱼

热量：154 千卡

材料

三文鱼 .... 100 克
芥末酱料...... 10 克
芝麻菜 ....5 克
酱油............4 毫升

做法

1 处理好的三文鱼切碎。
2 三文鱼装入盘中，淋上酱油，挤上芥末酱料，点缀上芝麻菜即可。

番茄滑蛋

材料

番茄……………………………100 克
鸡蛋…………………………………2 个
盐、食用油、淀粉……….各适量

做法

1 番茄洗净，切丁。
2 鸡蛋打散，与淀粉、水和盐混合搅拌均匀。
3 锅中倒入食用油烧热，倒入鸡蛋液，用小火慢慢将蛋煎至七成熟。
4 放入番茄丁，翻炒至熟，盛盘即可。

芹菜苹果汁

材料

苹果……….. 200 克
芹菜……….. 100 克

做法

1 芹菜洗净，切小段；苹果洗净，切小块。
2 芹菜和苹果倒入榨汁机中。
3 榨汁机中注入适量纯净水，盖好盖子，启动按钮，将蔬果搅打成汁。
4 将汁液过滤后，倒入杯子中即可。

第七周
第1天轻断食

炎炎夏日，晚餐来一款简易汤品，能让你的身体从内至外轻松地“降温”。

轻断食也要够营养

青椒：含有丰富的维生素，尤其是维生素C可使体内多余的胆固醇转变为胆汁酸，从而能够预防胆结石的发生。

苋菜：含有丰富的铁、钙和维生素K，具有促进凝血、增加血红蛋白含量的功效，能清热解毒、降血压、增强体质。

猪肚：含有大量的微量元素、蛋白质、维生素、碳水化合物等营养成分，有健脾胃、补虚损的作用。

山药炒肚片

热量：294 千卡

材料

山药………… 100 克
熟猪肚 ……. 200 克
青椒…………. 40 克
红椒…………. 40 克
姜片…………… 少许
蒜末…………… 少许
食用油 ………. 适量
盐 ……………… 适量
葱段…………… 适量

做法

1 山药洗净，去皮切片，泡在水中；青椒、红椒去籽，切块；熟猪肚切丝，装碗备用。

2 锅中加水烧开，倒入食用油，放入红椒、青椒、山药，煮至八成熟后捞出。

3 锅中倒适量油烧热，爆香姜片、蒜末、葱段，倒入所有食材，加盐炒入味即可。

椒丝炒苋菜

材料

苋菜……150 克
彩椒……40 克
蒜末……少许
盐、食用油……各适量

做法

1 彩椒洗净，切成丝；苋菜洗净，沥干水分。
2 锅中倒适量油烧热，放入蒜末，爆香；倒入苋菜，翻炒至其熟软；放入彩椒丝，翻炒均匀。
3 加入适量盐炒匀调味，关火后，将菜肴装入盘中即可。

白菜冬瓜汤

材料

大白菜……180 克
冬瓜……200 克
枸杞……8 克
姜片、葱花、盐、食用油各适量

做法

1 洗净去皮的冬瓜切片，大白菜切成小块。
2 锅中倒适量油烧热，放入少许姜片，爆香；倒入冬瓜片、大白菜，炒匀。
3 加水，放入枸杞，盖上盖，煮至熟透。
4 揭盖，加入盐搅匀，将煮好的汤料装碗，撒上葱花即可。

第七周
第 2 天轻断食

荤素搭配，科学饮食，让身体远离毒素的侵害，让自己与春天有个美丽的邂逅。

轻断食也要够营养

√ **鸭肉：**含有蛋白质、脂肪、维生素 B 族等营养物质，可以养胃生津、增进食欲，对身体虚弱的人有补养作用。

√ **芥蓝：**味苦，可以消暑解热、促进食欲；含有大量膳食纤维，能防止便秘、降低胆固醇、软化血管。

√ **大蒜：**含有硫化合物，能抗菌消炎，具有杀虫解毒、消肿止痢的作用。

黄瓜彩椒炒鸭肉

热量：260 千卡

材料

鸭肉…………100 克	彩椒…………………30 克	生抽、料酒各适量
黄瓜……………90 克	盐、水淀粉、葱段 各适量	食用油、姜片各少许

做法

1 彩椒洗净，切小块；黄瓜洗净，去籽切小块。

2 将鸭肉去皮，切丁装碗，加水淀粉、生抽、料酒腌制约 15 分钟。

3 用食用油滑锅，放姜片、葱段爆香，倒入鸭肉，淋入料酒，翻炒至变色。

4 锅中放入彩椒、黄瓜，加盐、生抽、水淀粉，翻炒至食材入味，盛出装盘即可。

蒜蓉芥蓝片

材料

芥蓝梗……………………350 克

蒜蓉……………………少许

盐、食用油……………………各适量

做法

1 芥蓝梗洗净去皮，切成片。

2 锅中注入适量清水烧开，加入盐、芥蓝片，倒入适量食用油，煮约半分钟后捞出，待用。

3 锅中倒适量油烧热，放入蒜蓉爆香，倒入芥蓝片，加盐翻炒均匀。

4 关火后，盛出芥蓝片即可。

莲子银耳汤

材料

莲子……………………15 克

银耳……………………30 克

枸杞、冰糖……………………各适量

做法

1 银耳用温水泡半个小时，水里放点盐可以去除异味；银耳泡发后，剪除紧连在一起的部分，冲洗干净；莲子、枸杞冲洗干净。

2 把银耳、莲子、枸杞放进隔水紫砂炖盅，炖 2 小时即可，食用前加冰糖调味。

第八周
第1天轻断食

蜜蒸白萝卜，这款简单又低卡的美食，吃一份，既满足又有饱腹感。

轻断食也要够营养

蓝莓：富含维生素C和果胶，可预防坏血病、动脉硬化、冠心病；还富含花青素，可改善视力，提高免疫力。

白萝卜：富含维生素和微量元素，可以降低血脂、软化血管，还能促进新陈代谢，具有解毒的功效。

山楂：含有多种有机酸、蛋白质、碳水化合物以及维生素和矿物质，能健脾开胃、活血化瘀、降血脂、降血压。

黄色思慕雪

热量：147 千卡

材料

杧果........... 250 克

蓝莓............. 50 克

干山楂碎...... 15 克

做法

1 蓝莓洗净，备用；杧果去皮，果肉切成块。

2 将杧果放入榨汁机中，榨成汁倒入碗中。

3 杧果汁中撒上干山楂碎，点缀上蓝莓即可。

蜜蒸白萝卜

材料

白萝卜 .... 350 克
枸杞............... 8 克
蜂蜜.......... 10 毫升

做法

1 将洗净去皮的白萝卜切成条，备用。

2 白萝卜条放入蒸盘中，再撒上洗净的枸杞，待用。

3 蒸锅中注入清水烧开，放入蒸盘，蒸约 5 分钟至白萝卜熟透。

4 取出蒸盘，在白萝卜条上浇上蜂蜜即可。

鸡胸肉西芹沙拉

材料

鸡胸肉 .... 100 克
黄瓜............ 50 克
西芹............ 40 克
红辣椒、白醋、盐、
橄榄油、胡椒粉各适量

做法

1 锅中注水烧开，加入盐、胡椒粉、鸡胸肉，煮 15 分钟后捞出，沥干水分，撕成条。

2 黄瓜切成斜片；西芹择去叶子，切斜片；红辣椒切成圈。

3 将所有食材盛入盘中，淋上白醋、盐、橄榄油，拌匀即可。

第八周
第 2 天轻断食

百合炒虾仁，这种低卡、减脂又美味的早餐美食，你一定要品尝一下。

轻断食也要够营养

百合：具有养阴润肺、清心安神的功效，对阴虚久咳、痰中带血、虚烦惊悸、失眠多梦、精神恍惚等症状有食疗作用。

金枪鱼：鱼肉低脂肪、低热量，还含有优质的蛋白质和营养素，可以预防骨质疏松、改善贫血症状，还有保护肝脏的功效。

芦笋：含有丰富的 B 族维生素及硒、铁、锰、锌等微量元素，可清热生津、润肺止咳。

百合炒虾仁

热量：91 千卡

材料

虾仁………… 100 克
百合………… 10 克
西芹………… 30 克
甜椒………… 30 克
鸡蛋清……… 10 克
食用油……… 适量
盐、胡椒粉、淀粉、高汤………… 各适量

做法

1 虾仁洗净，挑去肠，用盐、胡椒粉、鸡蛋清、淀粉拌匀，腌制 10 分钟。

2 百合、西芹与甜椒分别洗净，焯水；西芹与甜椒切成小段。

3 锅内倒食用油烧至三分热，将虾仁放入锅中滑散，盛出待用。

4 锅内留适量油烧热，放入百合、西芹、甜椒炒匀，加虾仁翻炒，用盐、胡椒粉调味，用高汤勾薄芡即可。

金枪鱼豆角沙拉

材料

罐头金枪鱼、豆角、圣女果 ..... 各 70 克

熟鸡蛋、腰果、橄榄油 .... 各适量

做法

1 圣女果洗净去蒂，对半切开；豆角洗净，去两头；熟鸡蛋切成瓣。

2 锅中注水烧开，放入豆角焯水至熟，捞出，沥干水分。

3 盘中放入金枪鱼、圣女果、鸡蛋、腰果、豆角，淋上橄榄油，拌匀即可。

上汤芦笋

材料

芦笋............................... 100 克

香菇、胡萝卜................. 各少许

虾仁................................ 30 克

盐、食用油.................... 各适量

做法

1 芦笋去根洗净，香菇、胡萝卜切丝，虾仁洗净。

2 锅热入油，煸炒芦笋至八分熟。

3 锅中倒入一碗水，加盐烧开。

4 锅中放入香菇丝、胡萝卜丝、虾仁，加盖煮 2 分钟即可。

第九周
第1天轻断食

晚餐以碱性蔬菜、水果作为食材，少油少盐，保留了食物的天然清香，适合轻断食期间食用。

轻断食也要够营养

- **草莓：** 富含鞣酸，在人体内可阻碍消化道对致癌化学物质的吸收，具有防癌作用；还富含维生素C，可预防坏血病、动脉硬化、冠心病等病症。
- **芝士：** 含有的乳酸菌对便秘和腹泻有一定缓解作用，但注意要适量食用。
- **鳕鱼：** 含有丰富的镁元素，对心血管系统有很好的保护作用，能预防高血压等心血管疾病。

草莓芝麻菜核桃沙拉

热量：194 千卡

材料

芝麻菜 .... 150 克
草莓............. 70 克
圣女果 .... 40 克
核桃............. 15 克
芝士片 .... 10 克

做法

1 芝麻菜洗净，沥干水分；草莓洗净去蒂，切成块；圣女果洗净，切块；芝士片切成小块。

2 将芝麻菜、草莓、核桃、圣女果、芝士块放入盘中，拌匀即可。

清甜三丁

材料

山药……120 克
黄瓜……100 克
杧果……135 克
盐、食用油……各适量

做法

1 山药去皮，切丁；杧果去皮，切成丁；黄瓜切成丁。

2 锅中注水烧开，倒入山药丁，煮约半分钟。放入黄瓜、杧果丁，续煮片刻。捞出煮好的食材，装盘。

3 锅中倒适量油烧热，倒入所有食材，加入盐炒匀调味。关火后，盛出即可。

清蒸银鳕鱼

材料

银鳕鱼……150 克
姜丝、葱丝、盐、料酒、红椒丝、蒸鱼豉油、食用油……各适量

做法

1 银鳕鱼洗净，加入葱、姜、盐、料酒，腌制片刻。

2 银鳕鱼装盘放入蒸锅中蒸熟，放上葱丝和红椒丝，沿盘边倒入蒸鱼豉油。

3 将少许烧热的食用油浇在葱丝上即可食用。

第九周
第 2 天轻断食

为了让身材更完美、体质更健康，使用美味新鲜的轻断食食谱，让大家在紧张工作中也能营养均衡，轻松用餐。

轻断食也要够营养

松子：富含不饱和脂肪酸，能够降血脂，预防心脑血管疾病；含有的脂肪油能够润肠通便。

香菇：富含生物碱，具有降低血液中胆固醇的作用；含有多糖类的物质，可以提高人体免疫力，增强机体的抗癌作用。

番茄：富含维生素和纤维素，有排毒养颜的作用；含有的果糖、葡萄糖对肝脏具有营养保健的功效。

芝麻菜圣女果奶酪沙拉

热量：139 千卡

材料

芝麻菜 .... 120 克
黄圣女果.... 100 克
红圣女果.... 100 克
松子仁 ....5 克
奶酪............ 20 克
胡椒粉 ....3 克
橄榄油 ....2 毫升

做法

1 红、黄圣女果洗净去蒂，对半切开；芝麻菜洗净，待用。

2 将圣女果、芝麻菜、奶酪、胡椒粉放入碗中，淋入橄榄油，搅拌均匀，撒上松子仁即可。

香菇扒生菜

热量：78 千卡

材料

生菜……300 克
香菇……70 克
彩椒……50 克
盐、食用油……各适量

做法

1 生菜切开，香菇切块，彩椒切粒。
2 开水锅中注入油，放入生菜煮至熟软，捞出；倒入香菇煮约半分钟，捞出。
3 锅中倒适量油烧热，加入清水、香菇、盐，炒至汤汁收浓，关火待用。
4 生菜摆入盘中，盛入炒好的食材，撒上彩椒粒即可。

番茄鸡肉丁

热量：262 千卡

材料

鸡胸肉……120 克
番茄……150 克
青椒……100 克
盐、酱油、料酒、淀粉、姜、葱、食用油……各适量

做法

1 鸡胸肉切丁，加盐、酱油、料酒、淀粉腌制；番茄洗净，切丁；青椒洗净，切块。
2 锅内注油烧热，加鸡胸肉丁滑熟，盛出。
3 锅中放葱、姜爆香，加番茄丁、青椒块翻炒，加盐、鸡胸肉丁炒匀即可。

第十周
第1天轻断食

晚餐选用生菜和豆腐的结合，坚持清淡、低热量、不加重身体负担的食材，都属于轻断食饮食。

轻断食也要够营养！

✓ **杏仁：**富含黄酮类和多酚类成分，能够降低人体内胆固醇的含量；含有优质蛋白质、脂肪，可解表益肺、润肠通便。

✓ **青豆：**富含不饱和脂肪酸和大豆磷脂，有保持血管弹性、健脑和防止脂肪肝形成的作用。

✓ **豆腐：**富含大豆卵磷脂和优质蛋白，有益于神经、血管以及大脑的生长发育，可以增强免疫力，强身健体。

杏仁牛奶

热量：250 千卡

材料

杏仁............ 30 克

牛奶........150 毫升

做法

1 杏仁去壳，用水煮沸后再改小火煮熟，冷却后去皮。

2 用食物料理机把杏仁打成细小颗粒。

3 将杏仁碎颗粒加牛奶入锅中煮沸，倒入杯中即可饮用。

白灼生菜

材料

生菜……………………………150 克

盐、食用油 …………………各适量

做法

1 生菜掰开，洗净备用。

2 锅内注水烧开，加入少许食用油、盐，放入生菜焯水。

3 将生菜捞出，沥干水分，整齐摆放在盘子里即可。

肉末炖豆腐

材料

猪肉末 …………………………50 克

豆腐……………………………120 克

胡萝卜丁………………………10 克

青豆……………………………10 克

盐、酱油、生粉、姜丝、高汤、食用油 ………………………各适量

做法

1 砂锅中倒入食用油，烧热后放入姜丝、猪肉末，然后倒入酱油、高汤，搅拌均匀。

2 把豆腐切成块放入锅中，5 分钟后放入胡萝卜丁和青豆，续煮 5 分钟后再放入盐和生粉勾芡，起锅装碗即可。

第十周
第 2 天轻断食

晚餐食用富含膳食纤维的蔬菜沙拉，不仅有助于胃肠道蠕动让毒素排出，还能减慢糖的吸收，有利于减肥瘦身。

轻断食也要够营养

✓ **莲藕：** 富含铁、钙等微量元素，植物蛋白质、维生素以及淀粉的含量也很丰富，有补益气血、增强人体免疫力的功效。

✓ **西兰花：** 富含抗坏血酸，能增强肝脏的解毒能力，提高机体免疫力；含有的高纤维能够降低肠胃对葡萄糖的吸收，对糖尿病患者有帮助。

✓ **奶酪：** 有增进人体抵抗疾病的能力，促进新陈代谢，增强活力，保护眼睛健康并保持肌肤白皙、滋润。

清蒸莲藕饼

热量：187 千卡

材料

猪肉末 .... 100 克
莲藕............ 60 克
盐 .... 适量
食用油 .... 适量
糖 .... 适量
淀粉.............. 适量

做法

1 莲藕去皮，切成藕盒，即第一刀不要切断，第二刀切断。切完后用清水洗净，放盐、糖腌制至其变软。

2 猪肉末中放淀粉、油，拌匀，做成馅料。

3 把藕盒用清水稍微清洗一下，以免太咸。

4 把馅料小心地酿进藕盒里，摆好盘，放到蒸锅中蒸熟即可。

春色满园

热量：85 千卡

材料

鲜虾............. 50 克
玉米粒 .... 20 克
西兰花 .... 50 克
豌豆粒 .... 少许
盐 .... 适量
水淀粉 .... 适量
胡椒粉 .... 适量
料酒............... 适量
食用油 .... 少许

做法

1 鲜虾去头去壳，挑去虾线，洗净后沥干，加料酒、胡椒粉和盐腌制 10 分钟。

2 西兰花切小朵，沸水中加少许食用油、盐，把西兰花快速焯烫后捞出；豌豆粒、玉米粒焯熟；锅内重新加水烧热，放入虾焯熟。

3 锅中注油烧热，将所有食材放入锅中翻炒，倒入水淀粉快速搅匀，再加入适量盐调味即可。

蔬菜沙拉

热量：207 千卡

材料

黄瓜........... 120 克
番茄........... 100 克
奶酪............. 50 克
生菜叶 .... 40 克
香菜碎 ....5 克
罗勒叶 ....3 克

做法

1 黄瓜洗净去蒂，切成片；番茄去蒂洗净，切成片。

2 备好碗，铺上一层生菜叶，放入黄瓜、番茄、奶酪、香菜碎，拌至均匀，点缀上罗勒叶即可。

part 03

轻断食食谱：男士篇

相信大家已经对轻断食有了一个宏观的认识，
那大家可以准备开始轻断食了。
不过，在开始之前，
还有一个非常重要的知识需要补充，
那就是轻断食期间，男士该如何吃。
本章将为男士带来轻断食的各式菜肴，
供大家参考。

男士轻断食七大原则

轻断食是一种较为健康的生活方式，虽说理论知识储备很重要，可是合理的饮食安排也会让你事半功倍。严格按照以下七大原则进行轻断食，可以帮助你收获健康。

· 轻断食开始前一天做好身体准备

轻断食的前一天需要给身体充分预热，然后有意识地为第二天的轻断食做好准备。例如，周六进行轻断食，周五当天就应该让肠胃慢慢地空下来：午餐八分饱为宜，晚餐减少一半的分量，睡前三个小时不能再进食。

· 每周固定两天进行轻断食

在一个星期中，最好专门固定两天进行轻断食，其余五天进行低盐、低油、清淡、低热量的饮食，分量和平时差不多。一般周五、周六、周日是聚会的高峰期，大家可放心地吃喝；可安排周一、周二再进行轻断食，进行清肠排毒；周三、周四恢复正常饮食。这样较为容易实施，也方便形成习惯。

· 控制轻断食日的热量

在轻断食的两天中，需要严格控制全天总热量的摄入，即 600 千卡以内。若一开始没有办法坚持，可 900 千卡、800 千卡、700 千卡、600 千卡逐步过渡。在这期间，建议食用一些清淡的流质食物，比如白粥、燕麦、蔬菜汤等。

· 遵循低盐、低油、清淡、低热量、营养全面、搭配合理的饮食原则

在开始轻断食之后，你可以摄取富含优质蛋白质的食物，乳制品、蔬菜和水果也可适当吃一些。享受美味时，你一定要记住一点：摄入食物的总热量不能超过规定的 600 千卡。此外，烹调时不可放入太多盐和油，需要严格执行低盐、低油、清淡的饮食原则。

· 非断食日正常吃，每日摄取热量少于 1500 千卡

不需轻断食的那五天，可吃全谷类以及未加工的食物，蔬菜、水果、豆类、鱼类、低脂乳制品等也必不可少。切记不能暴饮暴食，高脂肪的食物也应该尽量避免，每日所摄入的总热量不可以超过 1500 千卡。

· 轻断食结束之后，切记不要马上暴饮暴食

轻断食后的复食需要一个过程，马上开吃大鱼大肉不可取，伤胃又伤身。轻断食后的第二天，可从果汁或者沙拉开始，辅以小米粥和青菜，以给肠胃适应的时间。

· 犒劳自己

每完成一次轻断食，不要忘记鼓励一下自己，以激励自己迎接下一次轻断食。例如，买自己喜欢的衣服或者鞋子，换个新发型，看一场电影，等等。

男士轻断食必需营养素 TOP10

轻断食要求进行一段时间的限制性饮食，但这并不意味着什么都不能吃，人体所必需的蛋白质、脂肪、糖类、钙等都可以少量摄取，这样才能够瘦得健康、瘦得快乐。

1 蛋白质

蛋白质是细胞和组织的重要组成部分，人体的新陈代谢、生长发育都离不开它。

· 食用功效

蛋白质在体内的代谢时间较长，可长时间保持饱腹感，有利于控制饮食量。同时，蛋白质可抑制促进脂肪形成的激素分泌，减少赘肉的产生。

· 小贴士

肉类和鱼类富含优质蛋白质，另外，奶、蛋、干豆类也含有丰富的蛋白质，建议多吃鱼肉、鸡肉、鸭肉、蛋、虾、坚果等。

2 脂肪

作为产生热量最高的能源物质，1 克脂肪在体内产生的热能是蛋白质的 2.25 倍，是名副其实的“燃料仓库”。

· 食用功效

脂肪能给轻断食者提供热能，保护皮肤和内脏，保持体温恒定，促进脂溶性维生素的溶解、吸收，提供身体必需的脂肪酸，起到抗饥饿的作用。

· 小贴士

食用植物油是直接的脂肪摄取渠道，动物内脏、鱼、坚果等也是补充脂肪的首选。

3 维生素 A

维生素 A 属于脂溶性维生素，能促进蛋白质的合成和骨细胞的分化，具有调节表皮及角质层新陈代谢的功效，可抗衰老、去皱纹。

· 食用功效

维生素 A 不仅对眼睛有益，而且能够帮助燃烧脂肪、代谢脂肪，还能抗氧化，让你的皮肤变得更加富有弹性。

· 小贴士

动物的肝脏、鱼肝油、牛奶、蛋黄是维生素 A 的良好来源。有色蔬菜中的胡萝卜素也可在体内转化为维生素 A，如油菜、胡萝卜、番茄、荠菜等。

4 维生素 C

维生素 C 可增强血管的弹性和减少血液中胆固醇的含量，对于动脉硬化性心血管疾病以及高血压、中风等有很好的预防作用。

· 食用功效

维生素 C 能降低皮肤中的黑色素含量，有效淡化黑斑，还能增强身体的免疫力。

· 小贴士

维生素 C 的主要食物来源是新鲜蔬菜与水果。蔬菜中，苦瓜、豆角、菠菜、土豆、韭菜等含量丰富；水果中，草莓、柠檬等含量最多。

5 维生素 B_1

维生素 B_1 是人体不可缺少的营养元素之一，能增强肠胃蠕动，促进食物的消化吸收。

· 食用功效

维生素 B_1 在人体内以辅酶的形式参与葡萄糖的分解、代谢，有保护神经系统的作用。

· 小贴士

在植物性食物中，豆类和花生含维生素 B_1 最多，其次是苜蓿、枸杞、毛豆。在动物性食物中，畜肉及内脏含维生素 B_1 较多。

6 维生素 B_2

维生素 B_2 是水溶性维生素，容易消化和吸收，维持人体的正常视觉功能和促进生长。

· 食用功效

维生素 B_2 可帮助脂肪燃烧，对于限制热量摄取及运动减肥者来说，是相当重要的营养素。

· 小贴士

维生素 B_2 在各类食品中广泛存在，动物性食物中的含量高于植物性食物，如动物的肝脏、肾脏、心脏及蛋黄、鳝鱼、奶类等均富含维生素 B_2。

7 维生素 D

维生素 D 是人体必需的维生素，可以促进钙、磷的吸收，能有效预防佝偻病（儿童）和软骨症（成人）。

· 食用功效

维生素 D 有脂溶、疏水特性，可以参与调节脂肪细胞的合成与分解，能改善肥胖人群的体脂量和脂肪分布，一定程度上减低对人体危害巨大的内脏脂肪含量，有利于减轻体重。

· 小贴士

只要人体接受足够的日光，体内就可合成足够的维生素 D。含脂肪高的海鱼、鱼卵、动物肝脏、蛋黄、奶油和奶酪，维生素 D 的含量相对较多。

8 钙

钙除了参与骨骼的形成及腺体的分泌外，还能维持神经和肌肉活动。

· 食用功效

足量的钙，特别是离子钙在肠道里能与食物中的脂肪酸、胆固醇结合，阻断肠道对脂肪的吸收，使脂肪随粪便排出，达到减肥的目的。

· 小贴士

奶类和奶制品是补钙的首选，含钙量高，吸收率好。鱼类、坚果类也有很高的钙含量，如沙丁鱼、芝麻、核桃仁、葵花子等。

9 膳食纤维

膳食纤维主要起到降低血糖、血脂的作用，还有促进胃肠蠕动的功效，能够有效预防便秘。

· 食用功效

膳食纤维一般不易被消化，能保持消化系统的健康。摄取足够的膳食纤维，可以预防心血管疾病、糖尿病等。

· 小贴士

豆类和谷类粮食中的膳食纤维含量较高，如玉米、糙米、燕麦等。另外，芹菜、竹笋、木耳、蘑菇等蔬菜中所含的膳食纤维也较多。

10 糖类

糖类是人体热能的主要来源，体内物质运输所需能量的 70% 都来自糖类。

· 食用功效

糖类的吸收不会太快，能增加饱腹感，这有助于控制血糖。

· 小贴士

糖类主要来源于植物性食物，含糖类较多的食物有淀粉类，如糖果、藕粉、菱角粉等；谷类，如小米、高粱米等。

第一周
第1天轻断食

火龙果牛奶适合作为轻断食的早餐，这样不仅可以喝到营养的牛奶，而且还可以吃到美味的水果！

轻断食也要够营养

火龙果：含有大量的花青素，可以有效清除体内自由基；还含有大量的粗纤维，可以促进胃肠蠕动，对习惯性便秘有缓解作用。

南瓜：含有丰富的胡萝卜素和维生素C，具有健脾、预防胃炎、护肝的功效。

元贝：含有丰富的维生素E，可抑制皮肤衰老、防止色素沉着，能缓解因皮肤过敏或感染引起的皮肤干燥和瘙痒等症状。

火龙果牛奶

热量：183 千卡

材料

火龙果 .... 200 克
牛奶 ....150 毫升

做法

1 火龙果去皮，果肉切小块。
2 取榨汁机，倒入火龙果果肉，注入适量牛奶，盖好盖子，启动机器榨取果汁。
3 断电以后，将果汁装入杯中即可。

百合南瓜羹

材料

南瓜........... 300 克

百合............. 30 克

做法

1 百合洗净。

2 将去皮切块的南瓜放入锅内，加适量水，煮沸后慢火熬成糊状。

3 加入百合，再煲一会儿即可。

姜蓉粉丝蒸元贝

材料

元贝.................................. 2 个

粉丝.................................20 克

姜、食用油 .... 各适量

做法

1 元贝挖去肠肚，洗净后再放到洗净的贝壳中；姜去皮切小块，放入榨汁机中加水打碎；粉丝用热水泡发，剪成 5 厘米长。

2 热油锅中放入姜蓉爆香，将粉丝、姜蓉放在元贝肉上。元贝放入蒸锅中，中火蒸 5 分钟即可。

第一周
第 2 天轻断食

西兰花炒牛肉适合作为晚餐，因为牛肉可增强免疫力，促进蛋白质的新陈代谢和合成，从而有助于增强体力。

轻断食也要够营养

√ **红豆**：富含蛋白质、膳食纤维、维生素和微量元素，有利尿消肿、改善习惯性便秘、降低血脂的作用。

√ **蘑菇**：含有多种维生素、矿物质和氨基酸，有健脾开胃、平肝提神、提高机体免疫力的作用。

√ **牛肉**：能补充人体所需蛋白质，而且是低脂肪、低胆固醇食物，可健胃补脾、强壮筋骨，适合减肥人群食用。

红豆紫米粥

热量：109 千卡

材料

红豆............. 30 克
紫米............. 50 克

做法

1 红豆洗净，放入锅内加水煮至熟软为止。
2 将紫米倒入红豆锅内，加适量水，再熬煮 30 分钟即可。

上汤蘑菇

材料

蘑菇……………………………200 克
蒜末、葱丝………………………各适量
高汤、盐…………………………各少许
食用油……………………………少许

做法

1 将蘑菇洗净，切片。
2 锅里加入高汤，将蘑菇片煮熟，装碗待用。
3 锅内注油烧热，将蒜末煸至金黄，加入盐、葱丝炒匀，淋在蘑菇上即可。

西兰花炒牛肉

材料

西兰花……………………………200 克
牛肉………………………………250 克
酱油、料酒、盐…………………各适量
橄榄油……………………………少许

做法

1 西兰花洗净后掰小块，焯熟，捞起备用。
2 牛肉切条，用酱油、料酒腌制 10 分钟。
3 热锅放油，牛肉下锅翻炒均匀，再放入西兰花，撒点盐调味，炒至熟软装碗即可。

第二周
第1天轻断食

紫薯粥适合作为晚餐，因为它的 GI 值比大米、面条都低，并且容易产生饱腹感，能帮助你轻松应对饥饿感。

轻断食也要够营养

✓ **胡萝卜：**含有植物纤维，吸水性强，在肠道中体积容易膨胀，可加强肠道蠕动，起到宽肠通便的作用。

✓ **鸡蛋：**富含蛋白质、卵磷脂、卵黄素，对神经系统和身体发育有利，能健脑益智，并能促进肝细胞再生。

✓ **紫薯：**含有的花青素起到抗氧化作用，能够养颜、抗衰老；含有的膳食纤维能促进胃肠蠕动，排出体内的毒素，对于减肥瘦身和保护肝脏都有好处。

胡萝卜苹果汁

热量：116 千卡

材料

苹果........... 150 克

胡萝卜 .... 150 克

做法

1 胡萝卜切成小块，苹果取果肉切成小块。

2 锅中注入纯净水烧开，放入胡萝卜，用中火煮约 4 分钟至食材熟软。

3 连汤水一起盛入碗中，放凉后倒入榨汁机中，并放入苹果块。

4 启动机器，榨出蔬果汁，倒入杯中即可。

豆腐炖蛋羹

材料

鸡蛋……2 个
豆腐……50 克
胡萝卜丁……少许
姜末、盐、食用油……各少许

做法

1 鸡蛋打散，豆腐切小块后放入蛋液中，加适量盐调味，搅匀。
2 上锅蒸 15 分钟后取出，淋上少许油。
3 炒锅放油烧热，姜末炝锅后下胡萝卜丁，翻炒变色后起锅，盛放在蒸好的蛋羹上即可。

莲子紫薯粥

材料

莲子……50 克
紫薯……100 克

做法

1 莲子提前泡发，紫薯去皮切小丁。
2 锅中加 3 大碗水，加入紫薯、莲子，中火煮开后转小火续煮 30 分钟。
3 待汤汁浓稠、紫薯软糯时关火，装入碗中即可。

第二周
第 2 天轻断食

清炒绿豆芽，一份低热量的早餐，给自己的身体排排毒，让肠胃更加轻松。

轻断食也要够营养

√ **绿豆芽：**含有核黄素，对口腔溃疡有帮助；富含膳食纤维，可以缓解便秘症状；能补充维生素 C，有清除自由基、抗氧化的功效。

√ **肉松：**含有蛋白质、碳水化合物、多种维生素等营养成分，具有滋阴补肾、养血润燥、增强免疫力的作用。

√ **冬瓜：**含有维生素 C 和不饱和脂肪酸等多种营养物质，能有效阻止机体中糖类向脂肪的转化，有利尿排湿的功效，有利于减肥。

清炒绿豆芽

热量：40 千卡

材料

绿豆芽 .... 150 克	盐 .... 少许
葱花............... 适量	食用油 .... 少许

做法

1 将绿豆芽浸泡 3 分钟，捞去漂浮的豆壳。

2 捞出绿豆芽，沥干水分，备用。

3 锅内加油烧热，放入绿豆芽翻炒，炒至七八成熟时放入盐、葱花，再翻炒几下即可装盘。

香煎鳕鱼

材料

鳕鱼........... 500 克
肉松............. 30 克
橄榄............. 25 克
柠檬块......... 15 克
香椿碎、香菜各适量
食用油........... 适量

做法

1 鳕鱼切块，放进蒸锅用大火蒸 3 分钟，沥干水，两面用盐腌制 15 分钟。
2 煎锅放油，鳕鱼双面各煎 2 分钟。
3 鳕鱼装盘，撒上肉松、香椿碎，点缀上香菜，摆上柠檬块、橄榄。

素炒冬瓜

材料

冬瓜................................150 克
红椒圈 ....5 克
食用油、盐 .... 各适量

做法

1 冬瓜去皮，切成片。
2 炒锅内倒油烧热，将冬瓜片倒入锅内翻炒 1 分钟。
3 锅内加入适量水，翻炒约 2 分钟至冬瓜熟软。
4 撒入少许盐，炒匀即可起锅装盘。

第三周
第1天轻断食

土豆泥沙拉，总计热量不超过 130 千卡，作为轻断食日的晚餐，可以分多次食完。

轻断食也要够营养

√ **菠萝：** 富含活性酶、多糖、维生素、纤维素、微量元素等营养成分，具有促进蛋白质分解、助消化的作用，可消除炎症和水肿。

√ **大米：** 具有补中益气、健脾开胃、安神宁志的作用。由于碳水化合物含量较高，建议减肥人群适量食用。

√ **土豆：** 含有蛋白质、氨基酸和优质淀粉等营养元素，有养颜、抗衰老的功效；脂肪含量低，适合减肥人士食用。

原味包菜沙拉

热量：200 千卡

材料

包菜 .... 200 克	番茄 .... 150 克	薄荷叶、醋各适量
菠萝肉 .... 180 克	低脂酸奶...... 70 克	盐 .... 适量

做法

1 将包菜洗净，放入加盐的沸水中焯一下，捞出装盘，淋上醋；菠萝肉用淡盐水浸泡片刻，切小块；将番茄洗净，去蒂，切小块。

2 将菠萝肉和番茄放入沙拉碗中，倒入酸奶拌匀，放入冰箱冷藏一会儿。

3 取出冷藏好的食材倒在包菜上，撒上薄荷叶即可。

蔬菜三文鱼粥

材料

三文鱼 .... 100 克
胡萝卜粒...... 80 克
芹菜............. 20 克
水发大米...... 30 克
盐 .... 少许

做法

1 芹菜洗净，切粒；胡萝卜去皮，切粒；将三文鱼切片，装入碗中。

2 砂锅中注水烧开，倒入大米煲至熟透。

3 锅中倒入胡萝卜粒，慢火煮 5 分钟至食材熟烂；加入三文鱼、芹菜，拌匀煮沸；加适量盐，拌匀调味即可。

土豆泥沙拉

材料

土豆........... 150 克
青菜............. 50 克
胡萝卜丝...... 10 克
盐 .... 少许

做法

1 青菜洗净，取一部分切碎，剩下的垫入盘中。

2 土豆洗净，煮熟后压成土豆泥，和青菜碎、胡萝卜丝混合，加入盐拌匀。

3 将土豆泥放在青菜叶上即可。

第三周
第 2 天轻断食

早餐，枸杞炖蛋的总计热量约 170 千卡；晚餐，沙丁鱼和豆苗搭配，热量合计 371 千卡，一天总热量不超过 600 千卡。

轻断食也要够营养

- **枸杞**：有滋补肝肾、益精明目及养血的功效，能够保肝、降血糖、软化血管，对于脂肪肝和糖尿病患者有帮助。
- **沙丁鱼**：富含蛋白质、钙和不饱和脂肪酸，能降低血压、缓解动脉粥样硬化的速度，有助于心脑血管健康。
- **豆苗**：含钙质、B 族维生素、维生素 C 和胡萝卜素，有利尿、止泻、消肿、止痛和助消化等食疗作用。

枸杞炖蛋

热量：170 千卡

材料

枸杞............. 10 克　　　　盐.................. 少许

鸡蛋................2 个

做法

1 将鸡蛋打入蒸碗内，搅匀成蛋液。

2 蛋液中加入枸杞，加入少许盐，拌匀。

3 蒸碗上蒸锅，隔水蒸熟即可食用。

番茄酱沙丁鱼

热量：301 千卡

材料

沙丁鱼 .... 200 克
番茄酱 .... 30 克
葱花................7 克
香菜................6 克
柠檬片 .... 10 克
盐、橄榄油各适量

做法

1 沙丁鱼自然解冻，去头、去内脏和鱼骨上的鱼线。
2 热锅注油，将沙丁鱼煎至两面金黄，装盘。
3 沙丁鱼上撒少许盐调味，淋上番茄酱，撒上葱花、香菜，摆上柠檬片。

热量：70 千卡

清炒豆苗

材料

豆苗........... 200 克
彩椒............. 20 克
盐 ....2 克
食用油 .... 3 毫升
蒜末............... 适量

做法

1 将豆苗洗净；彩椒洗净，切丝。
2 热锅内放少许食用油，将蒜末煸至金黄，加入豆苗、彩椒丝翻炒，最后加适量盐炒匀即可。

第四周
第1天轻断食

晚餐来一杯豆浆，再备好一份沙拉。豆浆和沙拉的组合，营养丰富，是减脂比较好的选择。

轻断食也要够营养

✓ **黑米：**可补充人体需要的蛋白质、铁、锌等营养元素，能改善缺铁性贫血、减轻血管的脆性，缓解脾胃虚弱、体虚乏力的症状。

✓ **紫甘蓝：**富含维生素、花青素和纤维素成分，能够提高机体免疫力，可预防肥胖；另外，对皮肤瘙痒、湿疹等症状也有缓解作用。

✓ **葡萄干：**含有多种氨基酸、有机酸、维生素和微量元素，有补肝肾、益精血、利小便的功效，可降低胆固醇，预防心血管疾病。

红豆黑米粥

热量：215 千卡

材料

红豆............ 50 克

黑米............ 30 克

做法

1 把红豆和黑米分别洗净，用清水分别浸泡 12 小时以上。

2 将黑米和红豆同浸泡的水一同倒入锅中，用大火煮开。

3 大火煮沸后再转至小火，煮至红豆微开花、熟软即可。

包菜紫甘蓝沙拉

材料

紫甘蓝……………………180 克
包菜………………………180 克
洋葱…………………………30 克
盐……………………………1 匙
醋、橄榄油………………各适量

做法

1 将紫甘蓝、包菜分别洗净，切丝，用盐腌制 5 分钟左右；洋葱切成丝。

2 蔬菜渗出水后，用清水冲洗一下。

3 将所有食材放入盘中，加醋和橄榄油搅拌均匀，即可食用。

葡萄干豆浆

材料

水发黄豆…… 50 克
葡萄干……… 25 克

做法

1 将已浸泡 8 小时的黄豆倒入破壁机中，放入葡萄干，加入清水至水位线。

2 盖上机头，开始打浆。待破壁机运转约 15 分钟后，即成豆浆。

3 将破壁机断电，把煮好的豆浆倒入杯中，用汤匙撇去浮沫即可。

第四周
第 2 天轻断食

早餐来一份虾仁炖蛋，因为虾的蛋白质含量很高，非常适合轻断食者食用。

轻断食也要够营养

青豆：富含不饱和脂肪酸和大豆磷脂，能够起到保持血管弹性、健脑和防止脂肪肝形成的食疗作用。

虾：富含钙、磷等矿物质，能强健骨质，预防骨质疏松；还含有蛋白质，可以帮助人体合成细胞，促进健康发育。

椰子粉：富含葡萄糖、果糖、各种维生素和微量元素，有补气益气、调理脾胃、排毒解毒的作用。

虾仁炖蛋

热量：191 千卡

材料

鸡蛋................2 个

虾仁............ 20 克

青豆............ 10 克

盐 ....少许

做法

1 鸡蛋打入碗里，加少许盐和冷开水，打散。

2 将虾仁、青豆放在蛋液上面，然后在碗口覆上一层保鲜膜，放入蒸锅中，用大火蒸 10 分钟左右即可。

明虾炖豆腐

材料

明虾……………………………2 只
豆腐……………………………100 克
葱段、姜片、鲜汤 盐、上海青、
胡椒粉 ……………………… 各适量

做法

1 虾去须除杂，洗净；豆腐切成条状；上海青洗净。

2 锅内注水烧沸，将虾和豆腐条放入，焯一下。

3 锅置火上，放入鲜汤、虾、豆腐条、上海青、葱段和姜片，转小火炖至虾肉熟透。

4 拣去葱和姜，撒入盐、胡椒粉即可。

椰奶蒸鸡蛋

材料

鸡蛋……………1 个
牛奶……150 毫升
椰子粉 ……… 10 克

做法

1 椰子粉用牛奶搅拌均匀。

2 鸡蛋打入碗中，搅匀成蛋液，把椰奶倒入蛋液中搅匀。

3 在碗口覆上保鲜膜，放入蒸锅用大火蒸 10 分钟即可。

第五周
第1天轻断食

各种维生素 + 膳食纤维，低卡又低脂，适合正在减肥、健身、处于亚健康状态的人群。

轻断食也要够营养

荷兰豆：富含膳食纤维，可以促进肠道蠕动；还可以补充人体需要的多种维生素，能增强人体免疫力。

丝瓜：富含钙、磷、铁、蛋白质、胡萝卜素、维生素C等营养成分，可以促进免疫细胞活性，有凉血解毒、利尿、止血、通经活络等功效。

红薯：富含膳食纤维、叶酸和维生素，可润肠通便，有利于控制血糖，预防心脑血管疾病。

丝瓜炒蛋

热量：214 千卡

材料

丝瓜 .... 300 克
鸡蛋 .... 2 个
鸡粉、盐 ..... 各少许
橄榄油 .... 3 毫升

做法

1 丝瓜去皮，切成片；鸡蛋打入碗中，搅拌成蛋液。
2 锅中放油烧热，放入蛋液滑炒，成型后立即盛出。
3 锅中放入丝瓜，煸炒。
4 放入鸡蛋、盐、少许水、鸡粉，炒匀后即可装盘。

蒜蓉荷兰豆

材料

荷兰豆 .... 200 克
蒜蓉............ 10 克
盐 .... 少许
食用油 .... 少许

做法

1 将荷兰豆放入沸水中焯 2 分钟，捞出，再放入冷水中冲洗。
2 锅中加少许油烧热，放入蒜蓉煸炒出香味。倒入荷兰豆，继续翻炒。
3 加盐，翻炒均匀即可出锅。

红薯山药小米粥

材料

红薯........... 100 克
山药............. 50 克
小米............. 50 克

做法

1 山药、红薯削皮，用切菜器切成丝；小米淘洗干净。
2 山药、红薯、小米一同放入锅内，加适量水，盖上锅盖，煮成粥即可。

第五周
第 2 天轻断食

合理健身 + 均衡营养，断油、断调味料、断碳水化合物，我的营养餐我做主。

轻断食也要够营养

芦笋：富含蛋白质、维生素及微量元素。其中，氨基酸含量高，并且比例适当，对心血管、泌尿系统疾病有帮助，适合易上火、患有高血压的人群食用。

梨：含有较多糖类物质和多种维生素，易被人体吸收，能够增进食欲，对肝脏具有保护作用。

粳米：富含蛋白质、氨基酸以及多种微量元素，具有滋阴补肾、健脾胃、降低胆固醇的作用。

莲子百合山药粥

热量：430 千卡

材料

山药、莲子、百合
……………… 各 10 克
粳米……….. 100 克
枸杞……………. 5 颗

做法

1 山药洗净去皮，切块；莲子去心，去皮。

2 百合、莲子分别放在温水中泡 2 小时。

3 粳米用冷水浸泡半小时，让米粒充分膨胀开来。

4 锅中注水，放入莲子煮 5 分钟，再加入山药、枸杞、粳米，续煮 50 分钟左右即可。

芹菜梨汁

热量：101 千卡

材料

梨 .... 150 克
黄瓜........... 100 克
芹菜............. 80 克
生菜............. 60 克

做法

1 黄瓜切成小块，生菜切成小段。
2 芹菜切小段，梨取果肉切小块。
3 所有食材倒入榨汁机中榨成汁，然后将蔬果汁倒入杯中即可。

热量：40 千卡

白灼芦笋

材料

芦笋........... 200 克
生抽............... 适量

做法

1 芦笋洗净，切成小段。
2 锅中倒入适量清水烧开，放入芦笋段烫 2 分钟，捞起装盘。
3 锅中放入生抽，加少许清水，煮沸后淋在芦笋上即可。

第六周
第1天轻断食

三文鱼除了生食之外，熟食也很美味，搭配各类沙拉，营养健康，非常适合轻断食者。

轻断食也要够营养

√猕猴桃：富含果胶及维生素E，对心脏健康很有帮助，可降低胆固醇；还富含膳食纤维，可刺激肠胃蠕动，帮助排便。

√欧芹：富含维生素、胡萝卜素、叶酸，能促进血液和水分的新陈代谢，可利尿、消水肿。

√樱桃萝卜：富含维生素C、矿物质元素、芥子油、木质素等多种营养成分，生食可促进肠胃蠕动，加快新陈代谢，增进食欲。

猕猴桃菠萝苹果汁

热量：124 千卡

材料

猕猴桃 .... 100 克　　菠萝肉 .... 50 克

苹果............. 90 克

做法

1 猕猴桃去皮切小块，菠萝肉切小块，苹果取肉切小块。

2 切好的水果倒入榨汁机中，注入适量纯净水，榨成汁后倒入杯中即可饮用。

紫甘蓝生菜沙拉

材料

紫甘蓝……………………100 克
生菜………………………100 克
胡萝卜……………………100 克
盐…………………………少许
醋、橄榄油………………各少许

做法

1 将紫甘蓝、生菜、胡萝卜分别洗净，切丝备用。

2 将上述食材均装入盘中，加入盐、醋和橄榄油，拌匀即可。

烤三文鱼

材料

三文鱼……………………250 克
生菜………………………50 克
樱桃萝卜…………………40 克
柠檬片、欧芹、红胡椒、白胡椒、
盐、橄榄油………………各适量

做法

1 方形锡纸铺平，倒上少许橄榄油抹匀，将三文鱼放在锡纸中间，撒一层盐，翻面再撒一层盐。

2 鱼肉表面撒一层胡椒，包上锡纸放入烤箱，用 180℃的温度烤 15 分钟。

3 烤好后装盘，摆上生菜、樱桃萝卜、柠檬片，点缀上欧芹即可。

第六周
第 2 天轻断食

时蔬鸡蛋饼可增加饱腹感，作为晚饭是很好的选择，轻食又塑身。

轻断食也要够营养

杧果：富含胡萝卜素和维生素 C，具有益胃止呕、解渴利尿、止咳去痰的功效，能降低胆固醇，有利于防治心血管疾病。

鲫鱼：含有大量的钙、磷、铁，有益于强化骨质，对水肿、脾胃虚弱有滋补作用；还富含优质蛋白质，对肌肤的弹力纤维构成起到强化作用。

木耳：富含蛋白质、多种维生素和矿物质，特别是铁元素可防治缺铁性贫血；还富含纤维素，经常食用具有清胃涤肠的作用。

杧果汁

热量：32 千卡

材料

杧果........... 100 克

做法

1 杧果去皮，取果肉，切成小块。

2 将杧果块倒入榨汁机中，注入适量纯净水，盖好盖子后启动榨汁机，开始榨汁。

3 将榨好的杧果汁装入杯中即可。

豆腐鲫鱼汤

材料

鲫鱼..............................300 克
豆腐................................50 克
姜丝、枸杞、盐、食用油各适量

做法

1 鲫鱼除去内脏，洗净后抹少许盐，腌制 10 分钟。
2 豆腐切块，用沸水烫 5 分钟后捞出。
3 锅中放油烧热，放入姜丝爆香，再放入鲫鱼煎至两面金黄。
4 锅内加适量开水，放入枸杞，煮沸后用小火煮至鱼汤呈乳白色。
5 加入盐、豆腐，再煮 5 分钟即可。

时蔬鸡蛋饼

材料

木耳............ 30 克
番茄............ 30 克
菠菜............ 20 克
鸡蛋...............2 个
食用油 .... 少许

做法

1 木耳、番茄、菠菜焯水，切碎。
2 鸡蛋打入碗中，将所有食材加入蛋液中，搅匀。
3 不粘锅烧热，喷少许油，倒入蛋液，正反面煎制成金黄色即可。

第七周
第1天轻断食

轻断食一族喜爱美好事物、追求美好体验，与金钱、地位、职业、年龄无关，任何时候，他们都保有对高品质生活的向往和追求。

轻断食也要够营养

- **黄瓜：** 富含纤维素，可清热解渴、利水消肿，有润肠通便和降低胆固醇的功效；此外，黄瓜的美容效果也不错。
- **柠檬：** 含有丰富的维生素C、B族及烟酸等成分，具有抗过敏、抗感染、增强身体免疫力等功效。
- **酸奶：** 含有的乳酸菌、氨基酸、脂肪酸等营养成分极易被人体吸收，可以提高人体的免疫力，具有滋润皮肤、补虚开胃、润肠通便、降血脂的作用。

黄瓜梨猕猴桃汁

热量：112 千卡

材料

黄瓜........... 150 克

梨.............. 100 克

猕猴桃......... 80 克

做法

1 将黄瓜、猕猴桃、梨洗净去皮，全部切成小块状。

2 取出榨汁机，倒入切好的黄瓜、猕猴桃、梨。

3 榨汁机中注入适量纯净水，盖好盖子，启动榨汁机，将瓜肉和果肉均匀搅打成汁。

4 将蔬果汁倒入杯子中即可。

烤鳕鱼

材料

鳕鱼........... 200 克
柠檬片 .... 50 克
香菜............. 15 克
香叶、干迷迭香、胡椒粒
...................各适量

做法

1 鳕鱼切片，抹少许盐腌制片刻。

2 鳕鱼两面刷油，放在锡纸上，放入烤箱中烤 15 分钟，中途翻面。

3 盘中铺上柠檬片，放上鳕鱼块，撒上干迷迭香、胡椒粒，摆上香菜、香叶即可。

火龙果酸奶

材料

火龙果 .... 150 克
酸奶........... 100 克

做法

1 火龙果取果肉，切成丁。

2 火龙果丁倒入玻璃杯中，将果肉压成泥状。

3 杯中倒入酸奶，拌匀即可。

第七周
第 2 天轻断食

轻食季，是以低能量的食物代替正常的三餐，来达到促进肠胃排空、缓解便秘、激活及调节身体机能、减轻体重等效果。

轻断食也要够营养

炼乳：含有多种矿物质、维生素，能补充钙质，具有生津润燥、健脾养胃、润肠通便等作用。

四季豆：所含的皂苷类物质能降低机体对脂肪的吸收，促进脂肪代谢，起到排毒、瘦身的作用。

圆生菜：富含胡萝卜素、维生素、膳食纤维，能够促进肠道蠕动和排毒通便，对减肥有一定的帮助。

杧果酸奶

热量：79 千卡

材料

杧果........... 100 克

酸奶............. 65 克

做法

1 杧果去皮取果肉，切小块。

2 将杧果肉倒入榨汁机中，加入酸奶。

3 盖好盖，启动榨汁机，榨汁。

4 榨好的杧果汁倒入杯中即可饮用。

芝士四季豆

材料

四季豆 .... 200 克
炼乳............. 15 克
黄油............. 10 克
芝士片 .... 20 克
咖喱粉 .... 20 克

做法

1 四季豆去蒂，洗净，备用；芝士片切成丝。
2 锅中放入黄油烧热，注入清水，加入咖喱粉、炼乳、四季豆，煮至熟软。
3 放入芝士，拌匀装盘即可。

圆生菜鸡蛋沙拉

材料

烤面包 ....20 克
圆生菜 ....45 克
鸡蛋...................................1 个
盐、醋、橄榄油 ....各适量

做法

1 圆生菜洗净，撕成片状，沥干水分；烤面包切成小块。
2 锅中注水烧开，放入鸡蛋煮至五成熟时捞出，切块备用。
3 所有食材摆入盘中，淋上盐、醋、橄榄油做成的酱汁，拌匀即可。

第八周
第1天轻断食

金枪鱼圣女果沙拉非常适合晚餐时食用，这道菜富含维生素、纤维、蛋白质，营养丰富，引人食欲大增的同时也不会给肠胃造成负担。

轻断食也要够营养

彩椒：富含维生素和膳食纤维，可以促进血液循环，改善各种血管疾病；含有的椒类碱对脂肪的新陈代谢具有促进作用，可帮助减肥。

金针菇：含有碳水化合物、粗纤维、蛋白质等营养成分，有降血脂和降胆固醇的作用；还含有人体必需的氨基酸成分，能提高免疫力。

洋葱：含有的植物性杀菌素能杀菌抗炎，含有的膳食纤维能促进消化、缓解便秘，还具有降血压、降血脂的作用。

彩椒鸡蛋燕麦粥

热量：385 千卡

材料

红彩椒 ... 80 克	鸡蛋 .... 1 个	核桃 .... 10 克	混合香料 .. 3 克
绿彩椒 ... 50 克	燕麦 .... 50 克	葱花 .... 5 克	橄榄油 .. 5 毫升

做法

1 红、绿彩椒洗净，去籽切成丁。

2 锅中注入橄榄油，打入鸡蛋煎成荷包蛋，盛出；倒入红、绿彩椒丁，炒至熟软，盛出。

3 另取锅注入清水，倒入燕麦煮至熟软，装入碗中。

4 燕麦粥碗中放入荷包蛋、炒好的彩椒丁、核桃，撒上混合香料、葱花即可。

南瓜烩蔬菜

热量：84 千卡

材料

南瓜.......... 150 克
芹菜............ 50 克
胡萝卜 .... 30 克
金针菇 .... 30 克
菠菜............ 30 克
盐 ....2 克
橄榄油 ....2 毫升

做法

1 将食材清洗干净，南瓜切成块，芹菜切成丁，胡萝卜去皮切成丝，金针菇去除头。

2 锅中注入油烧热，放入南瓜块，加入适量清水炖至熟软，盛出。

3 锅中放入胡萝卜、金针菇、芹菜，炒至熟软后装碗，倒入南瓜、芹菜，点缀上菠菜叶即可。

金枪鱼圣女果沙拉

热量：130 千卡

材料

金枪鱼罐头 .. 50 克	圣女果 .... 8 颗	盐、醋 ....各少许
四季豆 .... 40 克	洋葱............. 20 克	橄榄油 .... 少许

做法

1 四季豆切段，圣女果对半切开，洋葱切碎。

2 四季豆放入烧沸的水中，加盐焯 1 分钟，捞出用清水冲洗，沥干水分备用。

3 金枪鱼用漏勺沥去汁水。

4 金枪鱼、四季豆、圣女果、洋葱放入碗中，加入盐、醋、橄榄油拌匀，盛入盘中即可。

第八周
第 2 天轻断食

来份清新爽口又饱腹的鲜虾莲藕沙拉，兼顾了颜值、营养和口感。

轻断食也要够营养

蒜苗：含有酵素类物质，能为人体蛋白提供营养，增强免疫力；含有的维生素，还能保护肝脏。

红茶：所含的咖啡碱有提神消疲作用；含有的黄酮类化合物具有抗氧化作用，能温胃、降压。

红辣椒：可以促进人体的新陈代谢，防止体内脂肪堆积，具有消炎和减肥的作用。

土豆丝蒜苗沙拉

热量：286 千卡

材料

土豆........... 200 克
蒜苗........... 100 克
红辣椒............1 个
盐..................少许
醋..................少许
橄榄油...........少许

做法

1 土豆切丝，泡在凉水中洗去淀粉。
2 蒜苗切段，红辣椒切丝。
3 土豆丝放入烧沸的盐水中焯 1 分钟，然后用凉水冲洗，沥干水分备用。
4 把土豆丝、蒜苗段和红辣椒丝放入碗中，加入盐、醋、橄榄油，拌匀即可。

薄荷柠檬红茶

材料

柠檬........... 100 克

鲜薄荷叶...... 15 克

热红茶 ....250 毫升

做法

1 将柠檬洗净，切薄片。

2 取一个玻璃杯，注入准备好的热红茶，放入柠檬片。

3 点缀上几片薄荷叶，浸泡片刻即可。

鲜虾莲藕沙拉

材料

莲藕..............................100 克

鲜虾仁 ....8 个

洋葱................................50 克

盐、醋、橄榄油 .... 各适量

做法

1 莲藕削皮，切片；洋葱切丝。

2 莲藕放入沸水中焯 1 分钟。

3 虾仁放入烧沸的盐水中焯 1 分钟，捞出沥干水分，剖成两半。

4 莲藕、虾仁、洋葱盛入盘中，淋上醋和橄榄油，拌匀即可食用。

第九周
第1天轻断食

猪骨的蛋白质含量高，易吸取其他食材与调料的味道，是轻断食中常用的食材。

轻断食也要够营养

- **口蘑：**含有膳食纤维、微量元素和碳水化合物，有降血压、润肠通便、保护肝脏的功效，还能预防骨质疏松症。
- **莲子：**富含蛋白质、碳水化合物、维生素和钙、铁、锌等微量元素，具有清热降火、清心安神、防癌抗癌的功效。
- **蜂蜜：**富含葡萄糖、多种有机酸和微量元素，有润肠通便、美容养颜、促进睡眠、润肺止咳的功效。

娃娃菜炒口蘑

热量：151 千卡

材料

口蘑............. 50 克
娃娃菜....... 250 克
食用油 .... 少许
盐 .... 少许

做法

1 口蘑用水泡开，剪去老根、挑去杂质，再用开水煮 5 分钟，捞出沥干水分。

2 娃娃菜对半切开，用开水烫一下，捞出沥干水分。

3 锅里注入适量油，放入口蘑、娃娃菜翻炒片刻，加盐调味即可。

山药莲子猪骨汤

材料

猪骨........... 150 克

山药............. 50 克

莲子............. 10 克

姜、葱 ....各少许

做法

1 山药去皮切成厚片，莲子泡发，姜切片，葱切段，猪骨焯水。

2 汤锅注适量水烧开，放入猪骨、姜片和葱段，转中火煮 30 分钟。

3 放入山药、莲子，用小火煮 1 小时至食材酥烂即可。

西芹蜂蜜汁

材料

西芹........... 150 克

蜂蜜..........20 毫升

做法

1 西芹洗干净，切成小段。

2 西芹段倒入榨汁机中，然后放入少许蜂蜜，注入适量纯净水。

3 盖好盖子，启动榨汁机，榨取蔬菜汁。

4 将榨好的蔬菜汁倒入杯子里即可。

第九周
第 2 天轻断食

炎炎夏日懒得动手做饭？吃腻了水煮鸡肉和菠菜？试试晚餐来一份蔬菜鸡肉汤，轻断食餐别有风味。

轻断食也要够营养

√ **薄荷：**含有碳水化合物、膳食纤维及多种维生素，具有疏散风热、清利头目、利咽的作用。

√ **鸡肉：**富含多种矿物质和维生素，易被人体吸收，能增强体力；含有不饱和脂肪酸，能预防心血管疾病的发生。

√ **桑葚：**富含活性蛋白、维生素、氨基酸、胡萝卜素等成分，可补血滋阴、生津润燥、健脾胃助消化。

水果汤

热量：136 千卡

材料

蓝莓............. 60 克	树莓........... 100 克
桑葚............ 80 克	薄荷叶 ....5 克

做法

1 蓝莓、桑葚、树莓、薄荷叶分别洗净，备用。

2 锅中倒入适量清水煮开，把水果倒入锅中，用小火煮上数分钟。

3 搅拌至汤变色，即可关火。

4 水果汤装碗，放上薄荷叶即可。

蔬菜鸡肉汤

材料

鸡胸肉 .... 150 克
红彩椒 .... 50 克
黄彩椒 .... 50 克
土豆............. 70 克
香菜、盐.....各适量

做法

1 将食材清洗干净，鸡胸肉切块，红、黄彩椒去籽切块，土豆去皮切丁。
2 锅中注入适量清水烧开，放入鸡胸肉、红彩椒、黄彩椒、土豆，煮至熟软。
3 撒上盐，拌匀，点缀上香菜叶即可。

菠菜炒香菇

材料

香菇................................50 克
菠菜..............................250 克
姜末、食用油、盐 .... 各适量

做法

1 香菇放入温水中浸泡，去蒂洗净，挤干水分再切成厚片。
2 菠菜择去黄叶、根，洗净，备用。
3 炒锅放少量油烧热，下姜末爆香，倒入香菇煸炒，放入菠菜翻炒，加盐调味即可。

第十周
第1天轻断食

晚餐用鱼肉搭配黑橄榄，热量低，美味却不打折，轻断食日在控制热量摄入的同时也需要保证营养均衡。

轻断食也要够营养

✓ **鲜姜：** 可以发汗解表、宣肺止咳，对外感风寒、胃寒呕吐、腹痛腹泻等有缓解作用。

✓ **韭菜：** 含有丰富的硫化物质以及膳食纤维，起到养肝健脾、降血脂和扩张血管的作用，能增强消化功能。

✓ **黑橄榄：** 含有丰富的维生素C，有抗氧化效果；钙元素含量高，能够为机体提供足够的营养物质。

鲜姜菠萝苹果汁

热量：100 千卡

材料

苹果........... 110 克
姜块............... 少许
菠萝肉 .... 80 克

做法

1 姜块去皮洗净，切粗丝；苹果洗净，切成小块；菠萝肉切丁。
2 苹果和菠萝肉倒入榨汁机中，放入姜丝，注入适量纯净水，盖上盖子。
3 选择功能键，开始榨汁。
4 断电后，果汁倒入杯中即可。

香菇炒韭菜

材料

韭菜…………………………150 克
干香菇…………………………5 朵
葱花、盐、食用油…………各少许

做法

1 干香菇泡发后洗净，切成片。
2 韭菜洗净，切成段。
3 油锅烧热，放葱花爆香，下香菇翻炒，使香菇的味道彻底发散出来。
4 下入韭菜合炒，放适量的盐调味，即可出锅。

黑橄榄鱼柳

材料

三文鱼……200 克
黑橄榄………10 克
酸豆、香草碎、盐、
橄榄油………各适量
柠檬汁…………少许

做法

1 三文鱼冲洗后用厨房纸擦干，用盐擦拭三文鱼的两面，再挤上柠檬汁，撒上香草碎，放入冰箱冷藏腌制半个小时。
2 烤箱温度调为 200℃，预热 3 分钟，烤盘入中层烤 15 分钟。
3 食材装盘，放上黑橄榄、酸豆即可。

第十周
第 2 天轻断食

燕麦能够提供更多纤维和营养，是健康的碳水化合物来源之一，用它做成的粥，口感独特，带着淡淡粮食的香味。

轻断食也要够营养

√ **芥菜：**含有粗纤维，能促进排泄功能，有利于减肥；含有的酸性物质能起到止血的作用，有解毒消肿的功效。

√ **玉米：**富含多种维生素，常食可促进肠胃蠕动，加速有毒物质的排泄，具有开胃益智、宁心活血、调理中气等功效。

√ **香蕉：**富含维生素和微量元素，有润肺止咳、预防便秘等作用；含有的膳食纤维，对脾胃虚弱的人能起到调节作用。

蒜蓉芥菜

热量：80 千卡

材料

芥菜........... 250 克
蒜蓉............... 适量
盐 .... 少许
食用油 .... 少许

做法

1 芥菜洗净，切成 5 厘米左右的段，备用。
2 锅里放少量油烧热，放入蒜蓉爆香。
3 放入芥菜翻炒，炒至七成熟时加入盐，再翻炒均匀即可。

玉米胡萝卜排骨汤

热量：300 千卡

材料

排骨........... 120 克
玉米............. 30 克
胡萝卜 .... 20 克
姜、盐 ....各少许

做法

1 胡萝卜削皮，洗净切小块；玉米洗净，切小块；姜洗净，拍松。

2 排骨洗净后剁成块，放沸水中氽烫片刻，捞出。

3 砂锅内加适量水，放入排骨块、胡萝卜块、玉米块、姜，煮开后改小火煲 2 小时。

4 食材煮熟后，加盐调味即可。

香蕉燕麦粥

热量：247 千卡

材料

香蕉............. 40 克　　牛奶..........50 毫升
燕麦............. 50 克

做法

1 香蕉去皮，切成片。
2 牛奶入锅加热，加入燕麦，小火煮开，让燕麦充分吸收奶香。
3 煮好的粥装碗，点缀上香蕉片即可。